工业升级和产业创新前沿研究丛书

Research on Elevator Operation Situation
Awareness Technology Based on Big Data

基于大数据的
电梯运行态势感知技术研究

张福生 著

西安交通大学出版社
XI'AN JIAOTONG UNIVERSITY PRESS

内容简介

运行态势感知是集多传感器、物联网、机电耦合、大数据和人工智能等综合技术,以交叉研判电梯各零部件及系统运行安全状态演变的复杂系统工程。本书面向国家特种设备(电梯)研究技术前沿,面向广大民众的安全乘梯需求,面向电梯产业发展主战场,以特种设备(电梯)运行可靠性为工程背景,通过文献分析、电梯产业背景介绍、国内外研究现状、大数据和态势感知技术论述,阐明了多源数据采集、数据融合处理方法,提出多源数据融合建模方法;构建了多工况电梯大数据态势感知软件硬件方法,提出基于性能退化状态跟踪的安全预警、基于多源数据融合的运行态势感知、基于双环境约束的运行态势评估研判等系列关键技术,并希望该研究能为践行国家倡导的电梯产业按需维保提供数据和技术支撑。最后,总结了现有研究的不足和未来研究方向。

本书不仅可供机电工程领域 IT 服务人员、智能运维与健康管理人员,还可供数据科学、机械电子学、物联网与人工智能等领域的研究人员、工程技术人员、相关学科研究生和基础较好的高年级本科生参考阅读。

图书在版编目(CIP)数据

基于大数据的电梯运行态势感知技术研究 / 张福生著. —西安:西安交通大学出版社,2024.5
(工业升级和产业创新前沿研究丛书)
ISBN 978 - 7 - 5693 - 3516 - 3

Ⅰ. ①基… Ⅱ. ①张… Ⅲ. ①电梯—运行—感知—研究 Ⅳ. ①TU857

中国国家版本馆 CIP 数据核字(2023)第 216388 号

书　　名	基于大数据的电梯运行态势感知技术研究
	JIYU DASHUJU DE DIANTI YUNXING TAISHI GANZHI JISHU YANJIU
著　　者	张福生
策划编辑	杨　璠
责任编辑	张　欣　杨　璠
责任校对	李　文
封面设计	任加盟

出版发行	西安交通大学出版社
	(西安市兴庆南路 1 号　邮政编码 710048)
网　　址	http://www.xjtupress.com
电　　话	(029)82668357　82667874(市场营销中心)
	(029)82668315(总编办)
传　　真	(029)82668280
印　　刷	西安五星印刷有限公司

开　　本	787 mm×1092 mm　1/16　　**印张** 10.75　　**字数** 268 千字
版次印次	2024 年 5 月第 1 版　　2024 年 5 月第 1 次印刷
书　　号	ISBN 978 - 7 - 5693 - 3516 - 3
定　　价	88.00 元

前 言

　　电梯是一类重要的公共基础交通运输设施,其运行安全性关系到乘梯民众的生命财产安全,也是一类受国家直接管控的特种机电装备。随着中国智造、中国城镇化以及老旧小区加装电梯战略的实施,我国的电梯保有量已超全球电梯总量的 60%,仅在国内累计每天乘坐电梯的人次高达 28 亿次。但庞大的电梯保有量和趋高的使用频次给电梯的运行安全造成隐患。现有研究鲜见通过大量电梯运行的过程数据对复杂工况下电梯的运行态势开展安全研判,而且面向电梯运行安全态势研判的多源传感大数据融合能力、关键部件的性能衰退规律、安全态势演变和潜在故障预测等方面存在较多不足和卡脖子问题。为此,本书提出基于大数据的电梯运行态势感知技术研究,从如下几个方面展开论述。

　　(1)检索和分析国内外电梯安全研究的相关技术和方法,聚焦电梯系统运行的安全监测和研判技术,阐述研究的目的和意义,给出研究方法和技术路线。

　　(2)阐述了电梯态势感知关键技术。对大数据技术在电梯安全中的应用现状分析、前景展望和案例介绍、安全态势评估、故障预警和系统架构设计等进行了介绍。

　　(3)论述了电梯运行态势感知方法。阐述了多源传感器布局、传感数据采集、电梯运行状态识别方法以及感知算法等,给出了电梯制动系统退化模型及优化方法,发现影响电梯制动安全的关联规律。

　　(4)建立了电梯安全态势感知模型。定义了安全态势感知的概念,提出电梯运行态势研判的基本原理、建立方法和应用举例,深度挖掘多源数据的安全态势数据关联机理。

　　(5)总结研究成果及局限性,提出未来进一步研究方向。

　　作者依托江苏省电梯智能安全重点建设实验室和企业 CNAS 认可实验室、工程技术中心等研究基地,建立了电梯安全态势感知的关

1

键技术体系，并研究利用物联网、大数据等现代科技手段实现对电梯安全的运行态势进行感知和研判，主动发现潜在的轿厢外机电故障和运行异常预测，旨在改变当前电梯故障事后被动救援为事前主动服务的新行业业态，为创新电梯安全自主感知技术提供新思路和新方法，服务于高端电梯智造和乘梯公共安全等。同时践行国家"四个面向"战略、创新驱动发展战略，开辟发展新领域新赛道，不断塑造发展新动能新优势。

本书的完成特别感谢中国高校产学研创新基金（2022BL009）、教育部产学研协同育人项目（230804973215500）、江苏省高校自然科学研究基金重大项目（20KJA460011、21KJA510003）、苏州市科技计划（SYG202021）、苏州市吴江区大院大所共建科研载体计划等基金项目的支持。本书也是上述研究的阶段性成果。同时，感谢江苏省电梯智能安全重点建设实验室（常熟理工学院）、中国电梯协会、中国特种设备检测协会、全国电梯标准化技术委员会、中国特种设备检测研究院、江苏省特种设备安全监督检验研究院、东南电梯股份有限公司（CNAS实验室）、通用电梯股份公司、苏州莱茵电梯股份有限公司、苏州远志科技有限公司以及常熟理工学院机械工程学院等单位在上述研究过程中给予的实验平台、数据资源和人才协作等方面的大力支持。

衷心希望本书能够为电梯产业的研究者、技术人员、院校学生、管理者以及相关领域的决策者提供有价值的参考，以促进电梯核心技术的安全性和可靠性提升。

由于作者水平有限，书中难免存在不足，恳请读者批评指正。

张福生

2023 年 7 月于苏州

目 录

第 1 章

绪　论

1.1　电梯安全研究背景和大数据技术在电梯安全中的应用意义

1.1.1　电梯安全背景介绍

(1)电梯安全

电梯是一种受国家管控的特种装备,其安全和技术水准是体现国家综合技术能力的窗口之一。我国已是世界第一的电梯产销大国,截至 2022 年 12 月底,仅中国的注册电梯保有量已达 964.46 万台,2023 年底可突破 1000 万台,全球电梯总量将超过 2000 万台。仅在中国累计每天乘坐电梯的次数高达 28 亿次。电梯的运行工况、作业态势均关乎民众的生命财产安全。同时,巨大的电梯保有量也为我国的电梯安全埋下了隐患,加之近年来发生的多起电梯伤人事件,给民众生产生活造成了严重的心理恐慌。江苏省建成的全国首个省级 96333 电梯应急救援信息化平台(简称 96333 平台)的数据统计显示,截至 2019 年 12 月底,江苏省电梯保有量达 69.95 万台,比 2018 年增加 12.82%,电梯保有量居全国第二。96333 平台共处置电梯困人故障 31259 起,平均每天处置 82 起,就是在这种国内甚至国际一流应急救援处置条件下,被困人员从电梯脱困的平均时间也要 22 分钟(救援人员到达现场 17 分钟,救援 5 分钟),其他省份的救援时间会更长。针对此种情况,2018 年 2 月,国务院办公厅和国家质检总局相继下发了《关于加强电梯质量安全工作的意见》国办发〔2018〕8 号文件;同年 3 月,国家质检总局印发了《2018 年特种设备安全监察与节能监管工作要点》(质检特函〔2018〕6 号)和《质检总局关于推进电梯应急处置服务平台建设的指导意见》(国质检特〔2014〕433 号)等系列电梯安全相关的文件,并明确提出,推进电梯监管综合改革等举措,以进一步提升电梯安全的建设和管理水平。电梯是一类在轨运行的特种公共交通设施(也可视为一种特殊的在轨机器人),其安全程度对社会的影响重大。江苏省苏州市电梯应急救援指挥中心 2019 年工作简报(第六十九期)的数据显示:全苏州市在用电梯 14.73 万台,96333 指挥平台累计接警 114109 起,处置困人故障 28582 起,解救被困人员 57113 人。然而,电梯作为一类重大安全基础设施,政府和行业企业对全国的 627.83 万部(2019 年)电梯安全运行态势信息知之较少。现在全国电梯总量已经达到 1000 万部(2023 年),建立健全电梯运行的传感大数据体系,提升全国电梯运行的安全态势感知能力十分必要。

电梯事故不仅会导致人员伤亡,而且还会对社会经济发展和人民生活带来负面影响。例如,电梯事故会导致商业运营受到影响、社会治安问题增加等。因此,电梯安全问题已经成为社会各界高度关注的焦点。电梯作为一种特殊的交通工具,其运行状态的监测和评估对于电梯安全至关重要。传统的电梯监测方法主要依靠人工巡检和定期维护,但这种方法存在效率低、成本高等问题,而且无法实时监测电梯的运行状态和各种参数。因此,研究基于大数据的电梯运行态势感知技术,利用电梯内部传感器产生的海量数据进行电梯安全监测已经成为电梯安全监测的新方向。

(2)传统电梯监测方法的缺陷

传统电梯监测方法的不足主要在于效率低、成本高、无法实时监测和监测精度低等方面。其中,人工巡检和定期维修是传统电梯监测方法的主要方式,但这种方法效率低下,无法及时发现电梯故障,容易导致事故的发生。此外,传统电梯监测方法需要大量的人力、物力和财力投入,成本较高,特别是在电梯数量较多、分布范围广泛时,监测成本更为显著。

传统电梯监测方法一般采用离线或间歇性的方式进行,无法实现对电梯的实时监测和评估。在电梯故障发生时,无法及时发现和处理,容易导致事故的发生。此外,传统电梯监测方法通常只能监测一些简单的参数,如电梯运行时间、门的开关状态等,无法对电梯的运行状态进行全面、准确的监测和评估。

为了解决传统电梯监测方法存在的问题,基于大数据的电梯运行态势感知技术应运而生,成为电梯安全监测的新方向。该技术利用云计算、物联网、人工智能等技术手段,对电梯内部传感器产生的海量数据进行处理和分析,实现对电梯运行状态和各种参数的实时监测和评估。基于大数据的电梯运行态势感知技术可以实现对电梯的实时监测和预测性维护,提高电梯的安全性能和管理效率。同时,该技术可以对电梯产生的海量数据进行分析和挖掘,从而提取有价值的信息,为电梯的维修和升级提供科学依据。

(3)大数据技术在电梯安全监测中的应用前景

随着科技的不断发展,大数据技术在电梯安全监测中的应用前景十分广泛。基于大数据技术的电梯安全监测方法可以实现对电梯运行状态和各种参数的实时监测和评估,提高电梯的安全性能和管理效率,预防电梯故障和事故的发生。具体地说,大数据技术在电梯安全监测中的应用主要体现在以下几个方面。

首先,大数据技术可以利用电梯内部传感器产生的海量数据进行电梯运行态势感知。通过对电梯内部传感器产生的数据进行采集、存储、处理、分析和可视化展示,可以实现对电梯运行状态和各种参数的实时监测和评估。例如,可以通过对电梯传感器产生的数据进行分析,得出电梯的运行速度、运行时间、载荷等参数,从而对电梯的运行状态进行实时监测和评估。这种方法可以提高电梯的安全性能和管理效率,预防电梯故障和事故的发生。

其次,大数据技术可以实现对电梯状态的实时监测。通过对电梯传感器产生的数据进行实时采集和分析,可以及时发现电梯故障和异常情况,提高电梯的安全性能。例如,可以通过对电梯传感器产生的数据进行实时监测,及时发现电梯的故障和异常状态,从而采取相应的措施,保证电梯的安全运行。此外,大数据技术还可以实现对电梯的远程监控,即通过云平台将电梯的状态信息传输到管理中心,实现对电梯的远程监控和管理。

最后,大数据技术可以通过对电梯产生的海量数据进行分析和挖掘,提取有价值的信息,为电梯的维修和升级提供科学依据。例如,可以通过对电梯传感器产生的数据进行分析和挖掘,确定电梯的故障模式和原因,指导电梯的维修和改进。此外,还可以通过对电梯运行数据的分析和挖掘,为电梯的智能化改造提供科学依据,提高电梯的安全性能和管理效率。

(4)电梯安全监测中存在的问题和挑战

在电梯安全监测领域,虽然大数据技术的应用取得了显著的成效,但是也存在着一些问题和挑战。这些问题和挑战主要涉及传感器数据存储和处理、数据融合精度、数据实时性和安全性、数据分析和挖掘等方面。

首先,电梯安全监测需要采集大量的传感器数据,并对这些数据进行存储和处理。然而,电梯内部传感器产生的数据量非常庞大,传感器数据存储和处理成为电梯安全监测的一个关键问题。如何对海量的传感器数据进行高效存储和处理,是电梯安全监测中需要解决的难题之一。

其次,电梯安全监测需要对多个传感器产生的数据进行融合,以提高数据的精度和准确性。然而,不同传感器产生的数据可能存在差异,如何对这些数据进行融合,提高数据的精度和准确性,也是电梯安全监测中需要解决的难题之一。

此外,电梯安全监测还需要解决数据实时性和安全性等问题。由于电梯安全监测需要对电梯运行状态进行实时监测和评估,因此对数据的实时性要求非常高。同时,对于电梯传感器产生的数据,也需要保证其安全性,避免数据泄露和被篡改等情况发生。

最后,电梯安全监测还需要解决数据分析和挖掘的问题。由于电梯传感器产生的数据量非常庞大,如何对这些数据进行有效的分析和挖掘,提取有价值的信息,指导电梯的维修和升级,也是电梯安全监测中需要解决的难题之一。

1.1.2 大数据技术在电梯安全中的应用意义

(1)帮助电梯安全监测系统实现对电梯运行状态的全面监测和评估

在电梯安全监测领域,大数据技术的应用已经成为当前的研究热点。电梯内部传感器产生的数据量庞大,而传统的数据处理方法难以满足电梯安全监测的需求。因此,如何通过大数据技术实现对电梯运行状态的全面监测和评估是当前电梯安全监测领域的重要问题。

大数据技术可以通过分布式计算、并行处理等手段,实现对电梯运行状态的全面、准确、实时的监测和评估。首先,通过大数据技术可以对电梯内部传感器产生的数据进行实时采集和处理。其次,通过数据挖掘和机器学习等技术,可以对电梯运行数据进行深入分析和挖掘,发现其中的规律和特征,并对电梯运行状态进行评估和预测。最后,通过可视化技术,可以将电梯运行状态的监测结果呈现出来,方便管理人员进行实时监测和决策。

基于大数据技术的电梯安全监测系统可以实现对电梯运行状态的全面监测和评估,包括电梯的运行速度、载荷情况、故障概率等多个方面。这些数据可以帮助电梯管理人员及时发现电梯运行中存在的问题,并采取相应的措施进行处理,从而提高电梯运行的安全性和可靠性。

(2)帮助电梯安全监测系统实现对电梯故障和异常情况的预测和预警

大数据技术在电梯安全监测领域的应用不仅可以实现对电梯运行状态的全面监测和评估,还可以帮助电梯安全监测系统实现对电梯故障和异常情况的预测和预警,从而提高电梯运行的安全性和可靠性。

通过对电梯运行数据的分析和挖掘,可以发现电梯故障和异常情况的规律和特征。例如,电梯在运行过程中会产生一些特定的声音和振动,如果这些声音和振动超出了正常范围,就可能意味着电梯存在故障或异常情况。此外,电梯的运行速度、载荷情况、开关门次数等也是预测电梯故障和异常情况的重要指标。

大数据技术可以通过对电梯运行数据的深入分析和挖掘,实现对电梯故障和异常情况的预测和预警。具体来说,可以通过机器学习算法建立电梯故障和异常情况的预测模型,并利用实时采集的电梯运行数据对模型进行训练和优化。当电梯运行数据与预测模型出现不一致时,系统会自动发出预警信号,提醒管理人员及时进行处理。

基于大数据技术的电梯安全监测系统在预测和预警电梯故障和异常情况方面具有重要意义。通过实时监测电梯运行数据,可以及时发现电梯存在的问题,并采取相应的措施进行处理,从而避免电梯故障对人身安全造成的威胁。

(3)帮助电梯安全监测系统实现对电梯维修和升级的指导

当前的电梯修建得越来越豪华,如图1.1所示。大数据技术在电梯安全监测领域的应用不仅可以实现对电梯运行状态的全面监测和评估,还可以帮助电梯安全监测系统实现对电梯维修和升级的指导,从而提高电梯设备的使用寿命和可靠性。

图 1.1　豪华电梯

通过对电梯运行数据的分析和挖掘,可以了解电梯设备的磨损情况、使用寿命、维修历史等信息。例如,可以通过分析电梯部件的工作时间、负载情况等来判断其是否需要更换或维修。此外,还可以通过对电梯故障和异常情况的分析,了解电梯设备存在的弱点和问题,并为电梯的升级改造提供科学依据。

大数据技术可以为电梯的维修和升级提供科学依据。具体而言,可以通过数据挖掘和机器学习等技术,建立电梯设备的预测模型,并利用实时采集的电梯运行数据对模型进行训练和优化。当电梯设备存在问题或需要升级改造时,系统会自动发出提示信号,提醒管理人员及时进行处理。

基于大数据技术的电梯安全监测系统在电梯维修和升级方面具有重要意义。通过实时监测电梯运行数据,可以及时了解电梯设备的磨损情况和使用寿命,为电梯的维修和升级提供科学依据,从而提高电梯设备的使用寿命和可靠性。

(4)帮助电梯安全监测系统实现对电梯运行态势的感知和分析

大数据技术在电梯安全监测领域的应用不仅可以实现对电梯运行状态的全面监测和评估,还可以帮助电梯安全监测系统实现对电梯运行态势的感知和分析,从而提高电梯的效益和服务质量。

通过对电梯运行数据的分析和挖掘,可以了解电梯的使用情况、客流量、故障率等信息。例如,可以通过分析电梯的客流量、运行时间、开关门次数等来了解电梯的使用情况和运行效率。此外,还可以通过对电梯故障和异常情况的分析,了解电梯设备存在的弱点和问题,并为电梯的升级改造提供科学依据。

大数据技术可以为电梯运营管理提供科学依据。具体来说,可以通过数据挖掘和机器学习等技术,建立电梯运营模型,并利用实时采集的电梯运行数据对模型进行训练和优化。当电梯运营存在问题或需要改进时,系统会自动发出提示信号,提醒管理人员及时进行处理。

基于大数据技术的电梯安全监测系统在电梯运营管理方面具有重要意义。通过实时监测电梯运行数据,可以及时了解电梯的使用情况和客流量,为电梯的运营管理提供科学依据,从而提高电梯的效益和服务质量。

1.2 电梯安全态势感知技术研究目标和应用意义

安全态势感知源于军事领域战场各方战况的演变态势研判,而电梯运行状态安全态势感知旨在构建基于物联网和数字化的电梯运行状态全息研判系统,实时获取和分析电梯运行大数据,以确保电梯运行的安全性和可靠性。

1.2.1 电梯安全态势感知技术研究目标

本书讨论的电梯运行安全态势感知研究是以曳引机制动器的退化估计为例,沿着制动系统机电能流耦合分析—构建多传感器观测系统—观测数据并融合处理—状态估计及学习进化的思路展开。电梯制动系统运行态势估计研究如图1.2所示。

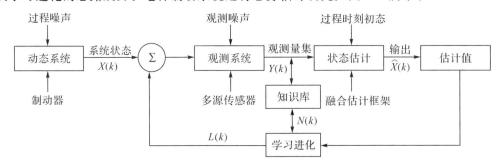

图 1.2 电梯制动系统运行态势估计研究示意图

(1)实现对电梯运行状态的全面感知

电梯安全监测系统的第一个核心技术目标,是实现对电梯运行状态的全面感知。为了实现这一目标,需要采集、传输和处理电梯运行数据,并实时监测和评估电梯的运行状态,包括电梯的运行速度、负载情况、开关门次数等指标。

在采集电梯运行数据方面,可以利用各种传感器和监测设备,例如加速度传感器、压力传感器、颜色传感器等,对电梯运行过程中的各种参数进行实时监测和采集。采集到的数据可以通过网络传输技术传输至数据中心,进行存储和分析。

在处理电梯运行数据方面,需要利用大数据技术进行数据清洗、预处理、特征提取等操作,以便实现对电梯运行状态的全面感知。例如,可以通过对电梯运行速度和负载情况的分析,了解电梯运行的稳定性和安全性,并及时发现电梯存在的问题。

同时,为了实现对电梯运行状态的实时监测和评估,需要建立电梯运行状态的实时监测和评估模型,并利用实时采集的电梯运行数据对模型进行训练和优化。当电梯运行数据与模型出现不一致时,系统会自动发出提示信号,提醒管理人员及时进行处理。

（2）实现对电梯故障和异常情况的预测和预警

电梯安全监测系统的第二个核心技术目标,是实现对电梯故障和异常情况的预测和预警。为了实现这一目标,需要通过对电梯运行数据进行分析和挖掘,建立电梯故障和异常情况的预测模型,并利用实时采集的电梯运行数据对模型进行训练和优化。

在建立电梯故障和异常情况的预测模型时,可以利用各种机器学习和数据挖掘技术,例如决策树、神经网络、支持向量机等。通过对历史数据的分析和挖掘,可以发现电梯存在的问题和异常情况,并为建立预测模型提供科学依据。

在利用实时采集的电梯运行数据对预测模型进行训练和优化方面,需要利用大数据技术实现实时数据处理和模型更新。通过实时采集电梯运行数据,并将其传输至数据中心进行处理和分析,可以及时发现电梯存在的问题和异常情况,并对预测模型进行实时更新和优化。当电梯存在故障或异常情况时,系统会自动发出预警信号,提醒管理人员及时进行处理。

（3）实现对电梯维修和升级的指导

电梯安全监测系统的第三个核心技术目标,是实现对电梯维修和升级的指导。为了实现这一目标,需要深入分析和挖掘电梯运行数据,了解电梯设备的磨损情况、使用寿命、维修历史等信息,为电梯的维修和升级提供科学依据,提高电梯设备的使用寿命和可靠性。

在对电梯运行数据进行深入分析和挖掘方面,可以利用各种数据挖掘技术,例如聚类分析、关联规则挖掘、异常检测等,对电梯运行数据进行分析和挖掘,了解电梯设备的磨损情况、使用寿命、维修历史等信息。通过对电梯设备的分析和挖掘,可以发现电梯存在的问题和弱点,并为电梯的维修和升级提供科学依据。

在为电梯的维修和升级提供科学依据方面,需要建立电梯设备的评估模型,并利用实时采集的电梯运行数据对模型进行训练和优化。通过对电梯设备的评估,可以了解电梯设备的使用寿命、维修历史等信息,并为电梯的维修和升级提供科学依据。当电梯设备存在问题或需要改进时,系统会自动发出提示信号,提醒管理人员及时进行处理。

（4）实现对电梯运营态势的感知和分析

电梯安全监测系统的第四个核心技术目标,是实现对电梯运营态势的感知和分析。为了实现这一目标,需要通过对电梯运行数据的分析和挖掘,了解电梯的使用情况、客流量、故障率等信息,为电梯的运营管理提供科学依据,提高电梯的效益和服务质量。

在对电梯运行数据进行分析和挖掘方面,可以利用各种数据挖掘技术,例如关联规则挖掘、聚类分析、时间序列分析等,对电梯运行数据进行分析和挖掘,了解电梯的使用情况、客流量、故障率等信息。通过对电梯运营数据的分析和挖掘,可以发现电梯存在的问题和弱点,并为电梯的运营管理提供科学依据。

在为电梯的运营管理提供科学依据方面,需要建立电梯运营管理的评估模型,并利用实时采集的电梯运行数据对模型进行训练和优化。通过对电梯运营态势的评估,可以了解电梯的使用情况、客流量、故障率等信息,并为电梯的运营管理提供科学依据。当电梯运营存在问题或需要改进时,系统会自动发出提示信号,提醒管理人员及时进行处理。

1.2.2　电梯安全态势感知技术的实际应用意义

(1)提高电梯的安全性

电梯安全态势感知技术是基于大数据技术的一项创新应用,可以通过对电梯运行数据的分析和挖掘,实现对电梯安全态势的感知和预警,从而提高电梯的安全性。在电梯行业中,安全性一直是最为关键的问题之一,因此,采用电梯安全态势感知技术对电梯进行监测和管理,具有重要意义。

通过对电梯运行数据的分析和挖掘,可以及时发现电梯存在的问题和异常情况,并为电梯维修和升级提供科学依据,从而保障电梯的安全性。例如,通过对电梯的运行数据进行分析,可以发现电梯存在的故障和异常情况,提前发出预警信号,通知管理人员及时处理,避免潜在的安全风险。此外,通过对电梯设备的分析和挖掘,可以了解电梯设备的磨损情况、使用寿命、维修历史等信息,为电梯的维修和升级提供科学依据,进一步提高电梯的安全性。

(2)提高电梯的可靠性

电梯安全态势感知技术是基于大数据技术的一项创新应用,可以通过对电梯运行数据的实时采集和分析,及时发现电梯存在的故障和异常情况,并发出预警信号,提醒管理人员及时处理,从而提高电梯的可靠性。在电梯行业中,可靠性是指电梯设备能够在规定时间内正常运行的概率,是衡量电梯质量的重要指标之一。

通过对电梯运行数据的实时采集和分析,可以及时发现电梯存在的故障和异常情况,并发出预警信号,通知管理人员及时处理,避免潜在的安全风险,从而提高电梯的可靠性。例如,当电梯的运行数据显示电梯存在故障或异常情况时,系统会自动发出预警信号,通知管理人员及时处理,确保电梯能够正常运行。

此外,通过对电梯运行数据的深入分析和挖掘,可以发现电梯存在的问题和弱点,并为电梯的运营管理提供科学依据,进一步提高电梯的可靠性。例如,通过对电梯运行数据的分析和挖掘,可以了解电梯设备的磨损情况、使用寿命、维修历史等信息,为电梯的维修和升级提供科学依据,进一步提高电梯的可靠性。

（3）提高电梯的服务质量

电梯安全态势感知技术是基于大数据技术的一项创新应用，可以通过对电梯运行数据的分析和挖掘，提高电梯的服务质量。在电梯行业中，服务质量是指电梯能够满足用户需求的程度，是衡量电梯品牌形象的重要指标。

通过对电梯运行数据的分析和挖掘，可以了解电梯的使用情况、客流量、故障率等信息，为电梯的运营管理提供科学依据，从而提高电梯的服务质量。例如，通过对电梯的客流量进行分析，可以预测电梯的使用情况，提前安排维护和保养工作，确保电梯的正常运行，提高用户的满意度。

此外，通过对电梯运行数据的实时采集和分析，可以及时发现电梯存在的问题和异常情况，提高电梯的服务水平和用户满意度。例如，当电梯出现故障或异常情况时，系统会自动发出预警信号，通知管理人员及时处理，避免影响用户体验，提高用户的满意度。

1.2.3 研究目标与现状的对比分析

（1）研究目标

本书旨在基于大数据技术，探索电梯运行态势感知技术的研究方法和应用价值。具体包括以下四个方面：

①构建电梯运行数据采集和处理系统，实现对电梯运行数据的实时采集和分析，为电梯运行态势感知提供数据支持。该系统可以通过安装传感器和数据采集设备等手段，对电梯的运行状态进行监测和采集，并将采集到的数据上传到云端服务器进行处理和分析。在数据处理和分析过程中，可以采用大数据技术和机器学习算法等先进技术，从而更加准确地分析电梯的运行状态和安全风险。通过该系统，可以实现对电梯运行状态的实时监测和预警，及时发现电梯运行中存在的安全隐患和异常情况，为电梯安全管理提供有力的支撑。未来，该系统还可以与电梯安全管理平台等系统相结合，实现对电梯的全面管理和维护，推动电梯行业向数字化、智能化和绿色化方向发展。通过搭建电梯运行数据采集和处理系统，可以为电梯行业的安全管理和发展提供重要的技术支持和保障。

②利用机器学习和数据挖掘等技术，可以对电梯运行数据进行深度分析和挖掘，提取电梯运行状态和异常情况的特征，为电梯运行态势感知算法的设计提供依据。在数据分析和挖掘过程中，可以采用聚类分析、分类分析、关联规则挖掘等技术，从而更加准确地分析电梯的运行状态和安全风险。通过分析和挖掘电梯运行数据，可以提取出诸如电梯运行速度、电梯停留时间、电梯载荷等特征，这些特征可以用于建立电梯运行态势感知模型，实现对电梯运行状态的实时监测和预警。未来，随着技术的不断进步和应用的不

断拓展,机器学习和数据挖掘等技术将会得到更广泛的应用和推广,为电梯行业的安全管理和发展提供更加有力的支持。因此,利用机器学习和数据挖掘等技术对电梯运行数据进行深度分析和挖掘,具有重要的实际应用价值和发展前景。

③通过设计电梯运行态势感知算法,可以实现对电梯运行状态的自动识别和预测,为电梯管理提供科学依据,提高电梯的安全性、可靠性和服务质量。该算法可以基于大数据技术和机器学习算法等先进技术,利用电梯运行数据进行分析和建模,从而实现对电梯运行状态的自动识别和预测。在算法的设计过程中,可以将电梯运行数据进行处理和分析,提取出电梯运行状态的特征,如电梯速度、电梯载荷、电梯停留时间等。随后,可以采用机器学习算法,如支持向量机、决策树和神经网络等,训练电梯运行态势感知模型,并利用该模型对电梯运行状态进行实时监测和预测。通过该算法,可以及时发现电梯运行中存在的安全隐患和异常情况,为电梯管理提供科学依据,提高电梯的安全性、可靠性和服务质量。未来,随着技术的不断进步和应用的不断拓展,电梯运行态势感知算法将会得到更广泛的应用和推广,为电梯行业的安全管理和发展提供更加有力的支持。因此,通过设计电梯运行态势感知算法,可以为电梯行业的安全管理和发展提供重要的技术支持和保障。

④通过开发电梯运行态势感知应用系统,可以实现对电梯运行状态的监测、预警和管理,提高电梯的安全性、可靠性和服务质量,为电梯行业的可持续发展做出贡献。该应用系统可以基于云计算、物联网、大数据和人工智能等先进技术,集成电梯运行数据采集、处理、分析、预测和管理等功能,从而实现对电梯运行状态的全面监测和管理。在应用系统的设计过程中,可以采用机器学习和数据挖掘等技术,建立电梯运行态势感知模型,并将模型与应用系统相结合,实现对电梯运行状态的自动识别和预测。同时,应用系统还可以实现电梯故障诊断、维修管理、运行记录管理等功能,从而提高电梯的维护效率和服务质量。未来,随着技术的不断进步和应用的不断拓展,电梯运行态势感知应用系统将会得到更广泛的应用和推广,为电梯行业的可持续发展做出贡献。因此,通过开发电梯运行态势感知应用系统,可以为电梯行业的安全管理和发展提供重要的技术支持和保障。

本书将重点探讨如何基于大数据技术,构建电梯运行数据采集和处理系统,利用机器学习和数据挖掘等技术,提取电梯运行状态和异常情况的特征,设计电梯运行态势感知算法,开发电梯运行态势感知应用系统,实现对电梯运行状态的全方位监测和管理,提高电梯的安全性、可靠性和服务质量。本书总结了一种基于大数据技术的电梯运行态势感知解决方案,该方案可以实现对电梯运行状态的实时监测和预警,及时发现电梯运行中存在的安全隐患和异常情况,为电梯管理提供科学依据,提高电梯的安全性、可靠性和服务质量。

本书将会深入探讨如何构建电梯运行数据采集和处理系统,从而实现对电梯运行数据的实时采集和处理。该系统可以通过安装传感器和数据采集设备等手段,对电梯的运行状态进行监测和采集,并将采集到的数据上传到云端服务器进行处理和分析。数据处理和分析的过程,可以采用大数据技术和机器学习算法等先进技术,从而更加准确地分析电梯的运行状态和安全风险。

同时,我们还将会探讨如何利用机器学习和数据挖掘等技术,对电梯运行数据进行深度分析和挖掘,提取电梯运行状态和异常情况的特征,从而为电梯运行态势感知算法的设计提供依据。通过分析和挖掘电梯运行数据,可以提取出诸如电梯运行速度、电梯停留时间、电梯载荷等特征,这些特征可以用于建立电梯运行态势感知模型,实现对电梯运行状态的实时监测和预警。

本书将会介绍如何设计电梯运行态势感知算法,实现对电梯运行状态的自动识别和预测,为电梯管理提供科学依据。该算法可以基于大数据技术和机器学习算法等先进技术,利用电梯运行数据进行分析和建模,从而实现对电梯运行状态的自动识别和预测。

本书还将会介绍如何开发电梯运行态势感知应用系统,实现对电梯运行状态的监测、预警和管理,提高电梯的安全性、可靠性和服务质量。该应用系统可以基于云计算、物联网、大数据和人工智能等先进技术,集成电梯运行数据采集、处理、分析、预测和管理等功能,从而实现对电梯运行状态的全面监测和管理。通过该应用系统,可以及时发现电梯运行中存在的安全隐患和异常情况,为电梯管理提供科学依据,提高电梯的安全性、可靠性和服务质量。

(2)现状的对比分析

当前,电梯安全问题已经成为社会关注的焦点,电梯行业也在不断推进技术升级和改革创新。目前,国内外已经有一些关于电梯运行态势感知技术的研究和应用,但仍存在以下几个方面的不足:

①电梯运行数据采集和处理系统的建设较为滞后,无法实现对电梯运行数据的实时采集和分析。电梯运行数据的采集和处理是电梯运行态势感知技术的基础。然而,目前很多电梯仍然采用传统的人工巡查方式,数据采集效率低下,难以满足电梯运行态势感知技术的需求。因此,我们需要采用更加先进的技术手段,实现对电梯运行数据的自动化采集和处理。

一种可行的方案是利用物联网和云计算等技术,构建电梯运行数据采集和处理系统。该系统可以通过安装传感器和数据采集设备等手段,对电梯的运行状态进行实时监测和采集,并将采集到的数据上传到云端服务器进行处理和分析。在服务器端,可以利用大数据技术和机器学习算法等先进技术,对电梯运行数据进行深度分析和挖掘,提取电梯运行状态和异常情况的特征,从而为电梯运行态势感知算法的设计提供依据。

通过采用这种先进的技术手段,可以实现对电梯运行数据的实时采集和处理,提高数据采集效率和准确性,为电梯运行态势感知技术的实现提供了基础。未来,随着物联网和云计算等技术的不断发展和应用,电梯运行数据的采集和处理将会更加智能化和自动化,为电梯行业的安全管理和发展提供更加有力的支持。因此,我们需要积极推广和应用这些先进技术,提高电梯运行数据采集和处理的效率和精度,从而实现对电梯运行状态的全方位监测和管理,提高电梯的安全性、可靠性和服务质量。

②电梯运行数据的分析和挖掘方法相对简单,难以准确提取电梯运行状态和异常情况的特征。电梯运行数据的分析和挖掘是电梯运行态势感知技术的核心。目前,大多数电梯运行数据的处理方法相对简单,无法准确提取电梯运行状态和异常情况的特征,难以支持更高层次的电梯运行态势感知算法的设计。因此,我们需要采用更加先进的数据分析和挖掘技术,实现对电梯运行数据的深度分析和挖掘。

一种可行的方案是利用机器学习和数据挖掘等技术,对电梯运行数据进行深度分析和挖掘。通过建立电梯运行数据模型,可以从海量的电梯运行数据中提取出关键特征,如电梯运行速度、电梯停留时间、电梯载荷等,从而实现对电梯运行状态和异常情况的准确识别和预测。在数据分析和挖掘过程中,可以采用多种算法和技术,如神经网络、支持向量机、聚类分析等,从而实现对电梯运行数据的深度分析和挖掘。

通过采用这种先进的数据分析和挖掘技术,可以实现对电梯运行数据的深度分析和挖掘,提高电梯运行态势感知算法的准确性和精度。未来,随着机器学习和数据挖掘等技术的不断发展和应用,电梯运行数据的分析和挖掘将会更加智能化和自动化,为电梯行业的安全管理和发展提供更加有力的支持。因此,我们需要积极推广和应用这些先进技术,提高电梯运行数据分析和挖掘的效率和精度,从而实现对电梯运行状态的全方位监测和管理,提高电梯的安全性、可靠性和服务质量。

③电梯运行态势感知算法的设计较为粗糙,无法实现对电梯运行状态的自动识别和预测。电梯运行态势感知算法是电梯运行态势感知技术的关键。目前,大多数电梯运行态势感知算法的设计较为粗糙,无法实现对电梯运行状态的自动识别和预测,难以满足电梯运行态势感知技术的需求。因此,我们需要采用更加先进的算法设计方法,实现对电梯运行状态的自动识别和预测。

一种可行的方案是利用机器学习和数据挖掘等技术,设计电梯运行态势感知算法。通过建立电梯运行数据模型,可以从海量的电梯运行数据中提取出关键特征,如电梯运行速度、电梯停留时间、电梯载荷等,从而实现对电梯运行状态和异常情况的准确识别和预测。在算法设计过程中,可以采用多种算法和技术,如神经网络、支持向量机、聚类分析等,从而实现对电梯运行状态的自动识别和预测。

通过采用这种先进的算法设计方法,可以实现对电梯运行状态的自动识别和预测,提高电梯运行态势感知技术的准确性和精度。未来,随着机器学习和数据挖掘等技术的不断发展和应用,电梯运行态势感知算法的设计将会更加智能化和自动化,为电梯行业的安全管理和发展提供更加有力的支持。因此,我们需要积极推广和应用这些先进技术,提高电梯运行态势感知算法的设计效率和精度,从而实现对电梯运行状态的全方位监测和管理,提高电梯的安全性、可靠性和服务质量。

④电梯运行态势感知应用系统的开发较为零散,未形成完整的解决方案。电梯运行态势感知应用系统是电梯运行态势感知技术的载体。目前,大多数电梯运行态势感知应用系统的开发相对零散,未形成完整的解决方案,难以满足电梯管理的需求。因此,我们需要采用更加系统化和综合化的方法,开发出完整的电梯运行态势感知应用系统。

一种可行的方案是利用物联网、云计算和人工智能等技术,构建电梯运行态势感知应用系统。该系统可以通过安装传感器和数据采集设备等手段,对电梯的运行状态进行实时监测和采集,并将采集到的数据上传到云端服务器进行处理和分析。在服务器端,可以利用大数据技术和机器学习算法等先进技术,对电梯运行数据进行深度分析和挖掘,提取电梯运行状态和异常情况的特征,从而为电梯运行态势感知算法的设计提供依据。同时,可以通过移动终端和网页等方式,将运行状态和异常情况的信息实时反馈给电梯管理人员,实现对电梯运行状态的及时监测和管理。

通过采用这种系统化和综合化的方法,可以实现对电梯运行状态的全方位监测和管理,提高电梯运行态势感知技术的准确性和精度。未来,随着物联网、云计算和人工智能等技术的不断发展和应用,电梯运行态势感知应用系统的开发将会更加智能化和自动化,为电梯行业的安全管理和发展提供更加有力的支持。因此,我们需要积极推广和应用这些先进技术,开发出更加完善和智能的电梯运行态势感知应用系统,从而提高电梯的安全性、可靠性和服务质量。

因此,本书旨在通过对现有电梯运行态势感知技术的对比分析,提出基于大数据技术的电梯运行态势感知技术解决方案,实现对电梯安全、可靠性和服务质量的全方位监测和管理。本书将重点探讨如何通过构建电梯运行数据采集和处理系统,利用机器学习和数据挖掘等技术,提取电梯运行状态和异常情况的特征,设计电梯运行态势感知算法,开发电梯运行态势感知应用系统,实现对电梯运行状态的全方位监测和管理,提高电梯的安全性、可靠性和服务质量,为电梯行业的可持续发展做出贡献。

1.3 研究方法和技术路线

基于政产学研用研发模式,发现电梯多源异构传感数据的关联及融合处理机制,探索电梯运行安全态势的云感知机理及方法。技术路线如图 1.3 所示。

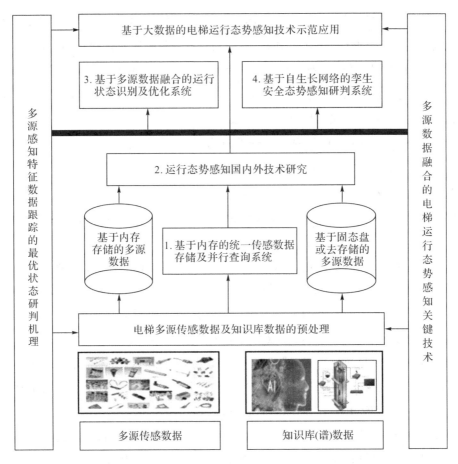

图 1.3　技术路线图

1.3.1　电梯安全态势感知系统架构设计

（1）数据采集模块

数据采集模块是电梯安全态势感知系统的基础，其主要任务是实时采集和处理电梯运行数据。通过数据采集模块，可以获取电梯的运行状态、故障记录、维修记录等信息，为后续的数据处理和分析提供必要的数据支持。

为了实现电梯运行数据的实时采集和处理，本书提出了一种基于大数据技术的数据采集模块设计方案。该方案主要包括以下几个方面：

①数据采集方式：目前，电梯行业中仍有很多电梯采用传统的人工巡查方式进行运行数据的采集，效率低下且存在漏洞。因此，我们建议采用自动化数据采集方式，通过安装传感器和监测设备等，实时采集电梯运行数据，提高数据采集的效率和准确性。

②数据传输方式：为了保证数据的实时性，我们建议采用无线传输方式，将采集到的

数据通过无线网络传输到数据处理模块进行处理。在传输方式的选择上,需要考虑到数据量、传输距离、传输速度等因素,以达到最佳的传输效果。

③数据存储方式:采集到的电梯运行数据需要进行存储和管理,以备后续的数据处理和分析。我们建议采用云存储技术,将数据存储在云端服务器上,实现数据的集中管理和共享,提高数据的安全性和可靠性。

④数据处理方式:采集到的电梯运行数据需要进行进一步的处理和分析,以提取电梯运行状态和异常情况的特征。我们建议采用机器学习和数据挖掘等技术,对电梯运行数据进行深度分析和挖掘,提取电梯运行状态和异常情况的特征,为电梯运行态势感知算法的设计提供依据。

(2)数据处理模块

数据处理模块是电梯安全态势感知系统的重要组成部分,其主要任务是对采集到的电梯运行数据进行分析和挖掘。通过机器学习和数据挖掘等技术,可以提取电梯运行状态和异常情况的特征,为电梯运行态势感知算法的设计提供依据。

为了实现对电梯运行数据的深度分析和挖掘,本书提出了一种基于大数据技术的数据处理模块设计方案。该方案主要包括以下几个方面:

①数据预处理:在进行数据分析和挖掘之前,需要对采集到的电梯运行数据进行预处理,包括数据清洗、去噪、归一化等操作,以保证数据的准确性和可靠性。

②特征提取:在预处理完成后,需要通过机器学习和数据挖掘等技术,提取电梯运行状态和异常情况的特征。常用的特征包括电梯运行速度、加速度、停留时间等,可以通过特征提取算法对这些特征进行提取和分析。

③数据分析和挖掘:在提取出电梯运行数据的特征后,需要对这些特征进行进一步的数据分析和挖掘,以发现电梯运行状态和异常情况之间的关联性。常用的数据分析和挖掘方法包括聚类分析、关联规则挖掘、分类算法等。

④数据可视化:为了更加直观地展示电梯运行数据的分析结果,需要将数据可视化,包括绘制数据图表、制作数据报告等方式,以帮助用户更好地理解电梯运行态势。

(3)态势感知算法模块

态势感知算法模块是电梯安全态势感知系统的关键组成部分,其主要任务是设计电梯运行态势感知算法,实现对电梯运行状态的自动识别和预测。通过利用已有的电梯运行数据特征,结合机器学习和数据挖掘等技术,可以设计出适用于不同电梯的态势感知算法,实现对电梯运行状态的全方位监测和管理。

为了实现电梯运行态势感知算法的设计,本书提出了一种基于大数据技术的态势感知算法模块设计方案。该方案主要包括以下几个方面:

①数据特征提取:在进行态势感知算法的设计之前,需要先提取电梯运行数据的特征,包括电梯运行速度、加速度、停留时间等。这些特征可以通过数据处理模块提取出来,并用于后续的算法设计和优化。

②算法选择和优化:根据电梯运行数据的特征以及实际应用场景的需求,可以选择不同的算法进行电梯运行态势感知。常用的算法包括神经网络、支持向量机、决策树等,可以通过对算法进行优化和改进,提高算法的准确性和可靠性。

③模型训练和验证:在确定了算法后,需要进行模型的训练和验证。通过采集大量的电梯运行数据,将其分为训练集和测试集,使用训练集训练电梯运行态势感知模型,并通过测试集验证模型的准确性和可靠性。

④算法应用和优化:在实际应用中,需要不断优化和改进电梯运行态势感知算法,以适应不同电梯的运行状态和异常情况。可以通过不断采集和分析电梯运行数据,优化算法模型,提高算法的准确性和可靠性。

(4)应用系统模块

应用系统模块是电梯安全态势感知系统的最终实现形式,其主要任务是将电梯运行态势感知算法应用到实际场景中,实现对电梯运行状态的监测、预警和管理。通过开发电梯运行态势感知应用系统,可以实现对电梯运行状态的实时监测和管理,提高电梯的安全性、可靠性和服务质量。

为了实现电梯运行态势感知应用系统的设计,本书提出了一种基于大数据技术的应用系统模块设计方案。该方案主要包括以下几个方面:

①数据采集和传输:应用系统需要实时采集和传输电梯运行数据,将采集到的数据传输到数据处理模块进行进一步处理。在数据采集和传输的过程中,需要考虑到数据安全和实时性等因素,以确保数据的准确性和可靠性。

②数据处理和分析:应用系统需要实时处理和分析采集到的电梯运行数据,通过态势感知算法识别电梯运行状态和异常情况,并进行预警和管理。在数据处理和分析的过程中,需要考虑到算法的准确性和可靠性等因素,以提高系统的智能化水平。

③预警和管理:应用系统需要实现对电梯运行状态的实时监测和管理,通过预警机制提前发现电梯运行异常情况,并及时采取措施进行处理。在预警和管理的过程中,需要考虑到应急响应的速度和有效性等因素,以保障电梯的安全性和服务质量。

④用户界面设计:应用系统需要具备友好的用户界面设计,以方便用户对电梯运行状态进行实时监测和管理。在界面设计的过程中,需要考虑到用户体验和易用性等因素,以提高系统的用户满意度和使用效率。

1.3.2 传感器数据采集和处理方法

1.3.2.1 传感器数据采集方法

(1)传感器选择

传感器选择是电梯运行态势感知技术中的重要环节,通过选择合适的传感器进行数据采集,可以实现对电梯运行状态的全方位监测和管理。常见的电梯传感器包括电梯速度传感器、加速度传感器、倾斜传感器、温度传感器、湿度传感器等。

在进行传感器选择时,需要考虑电梯运行状态的特点和实际应用场景的需求。例如,在进行电梯速度监测时,可以选择电梯速度传感器进行数据采集;在进行电梯运行平稳性监测时,可以选择加速度传感器进行数据采集;在进行电梯倾斜角度监测时,可以选择倾斜传感器进行数据采集;在进行电梯环境监测时,可以选择温度传感器和湿度传感器进行数据采集等。

除了考虑到电梯运行状态的特点和实际应用场景的需求外,还需要考虑到传感器的精度、灵敏度、可靠性等因素。例如,选择传感器时需要考虑其精度是否达到要求,能否满足实际应用场景的需求;还需要考虑传感器的灵敏度是否能够满足对电梯运行状态的准确监测;同时,还需要考虑传感器的可靠性和稳定性等因素,以保证数据采集的准确性和可靠性。

(2)数据采集方式

数据采集方式是电梯运行态势感知技术中的重要环节,通过选择合适的数据采集方式,可以实现对电梯运行状态的全方位监测和管理。常见的数据采集方式包括有线和无线两种方式。

有线数据采集方式需要将传感器通过电缆连接到数据采集设备上,数据采集设备通过有线方式将采集到的数据传输到数据处理模块进行分析和挖掘。有线数据采集方式具有传输速度快、传输稳定等优点,能够满足对电梯运行状态的实时监测和管理需求。但是,由于其需要通过电缆进行连接,因此在布线过程中需要考虑到电缆的长度、阻抗匹配等因素,以保证数据采集的准确性和可靠性。

无线数据采集方式则通过无线传输技术将采集到的数据传输到数据处理模块进行分析和挖掘,无须通过电缆进行连接。无线数据采集方式具有灵活性高、安装方便等优点,能够适应不同的电梯应用场景。但是,由于其受到无线信号干扰等因素的影响,可能会出现数据传输不稳定的情况,影响数据采集的准确性和可靠性。

(3)数据传输方式

数据传输方式是电梯运行态势感知技术中的重要环节,通过选择合适的数据传输方式,可以实现对电梯运行状态的全方位监测和管理。常见的数据传输方式包括有线和无线两种方式。

有线数据传输方式需要通过电缆将采集到的数据传输到数据处理模块,常用的有线传输方式包括 RS－232、RS－485、Ethernet 等。有线数据传输方式具有传输速度快、传输稳定等优点,能够满足对电梯运行状态的实时监测和管理需求。但是,在使用有线数据传输方式时,需要考虑到电缆的长度、阻抗匹配等因素,以保证数据传输的准确性和可靠性。

无线数据传输方式则通过无线传输技术将采集到的数据传输到数据处理模块进行分析和挖掘,常用的无线传输方式包括 Wi-Fi、蓝牙、Zigbee 等。无线数据传输方式具有灵活性高、安装方便等优点,能够适应不同的电梯应用场景。但是,在使用无线数据传输方式时,需要考虑到无线信号干扰等因素的影响,可能会出现数据传输不稳定的情况,影响数据传输的准确性和可靠性。

1.3.2.2 传感器数据处理方法

(1)数据清洗

在交通大数据研究中,传感器数据处理是一个非常重要的环节。其中,数据清洗作为传感器数据处理的首要步骤,其重要性不言而喻。在电梯运行态势感知技术中,传感器采集到的原始数据可能包含大量的无效数据和异常数据,这些数据会对后续的分析和决策产生严重影响,因此需要进行清洗和筛选。

数据清洗的主要目的在于去除无效数据和异常数据,保证数据的完整性和可靠性。具体而言,数据清洗包括以下几个方面:

首先,需要对传感器采集到的原始数据进行初步筛选,去除与电梯运行状态无关的数据。例如,电梯停止运行时的数据就是无效数据,需要被清洗掉。

其次,需要对传感器采集到的数据进行去重和去噪处理。由于传感器采集数据的周期很短,同一时刻可能会出现多次采样,这些采样数据需要进行去重处理。同时,由于传感器采集的数据中可能会存在噪声和干扰,这些数据也需要进行去噪处理,以提高数据的可靠性和精度。

最后,需要对传感器采集到的数据进行异常值检测和处理。由于传感器采集的数据可能会受到各种因素的影响,例如传感器故障、设备损坏、环境变化等,因此可能会出现异常数据。这些数据需要进行异常值检测和处理,以保证数据的准确性和稳定性。

(2)数据校准

在电梯运行态势感知技术中,传感器数据处理是一个非常重要的环节。其中,数据校准作为传感器数据处理的重要步骤之一,其目的在于消除传感器误差和漂移,提高数据的准确性和稳定性。

数据校准的过程主要包括以下几个方面:

首先,需要对传感器进行预校准。在传感器使用前,需要对传感器进行预校准,以消除传感器自身的误差和漂移。预校准可以通过对传感器进行静态校准或动态校准来实现。

其次,需要进行在线校准。在线校准是指在传感器正常工作时,对传感器采集到的数据进行校准。在线校准可以通过对传感器采集到的数据进行实时分析和处理来实现。

最后,需要进行离线校准。离线校准是指在传感器工作结束后,对传感器采集到的数据进行校准。离线校准可以通过对传感器采集到的数据进行离线分析和处理来实现。

(3)数据预处理

在电梯运行态势感知技术中,传感器数据处理是一个非常重要的环节。其中,数据预处理作为传感器数据处理的重要步骤之一,其目的在于对传感器采集到的数据进行滤波、降噪、平滑等处理,消除数据中的噪声和干扰,提高数据的质量和可靠性。

数据预处理的过程主要包括以下几个方面:

首先,需要对传感器采集到的数据进行滤波处理。滤波处理可以消除数据中的高频噪声和低频干扰,以提高数据的精度和稳定性。常见的滤波方法包括均值滤波、中值滤波、带通滤波等。

其次,需要对传感器采集到的数据进行降噪处理。降噪处理可以消除数据中的随机噪声和周期性噪声,以提高数据的质量和可靠性。常见的降噪方法包括小波变换、傅里叶变换、自适应滤波等。

最后,需要对传感器采集到的数据进行平滑处理。平滑处理可以消除数据中的毛刺和突变,以提高数据的连续性和稳定性。常见的平滑方法包括移动平均、指数平滑、卡尔曼滤波等。

(4)特征提取

在电梯运行态势感知技术中,特征提取是传感器数据处理的重要环节之一。通过对传感器采集到的数据进行特征提取,可以提取出与电梯运行状态相关的特征信息,为后续的分析和决策提供有用的信息。

特征提取的过程主要包括以下几个方面:

首先,需要选择合适的特征。特征是指能够描述电梯运行状态的数据属性,例如速度、加速度、位移等。在选择特征时,需要考虑其与电梯运行状态的相关性和可区分性。

其次,需要对传感器采集到的数据进行预处理。预处理包括数据清洗、数据校准、数据预处理等步骤,以保证数据的准确性和可靠性。

最后,需要对预处理后的数据进行特征提取。常见的特征提取方法包括时域特征提取、频域特征提取、小波变换特征提取等。在提取特征时,需要考虑特征的数量和质量,以保证特征的有效性和可靠性。

（5）数据融合

在电梯运行态势感知技术中，数据融合是传感器数据处理的重要环节之一。通过将多个传感器采集到的数据进行融合，可以提高数据的可靠性和精度，并提供更全面的信息。

数据融合的过程主要包括以下几个方面：

首先，需要选择合适的融合方法。常见的数据融合方法包括加权平均法、最大值法、最小值法、模型融合法等。在选择融合方法时，需要考虑传感器的数量、类型和精度等因素。

其次，需要对传感器采集到的数据进行预处理。预处理包括数据清洗、数据校准、数据预处理等步骤，以保证数据的准确性和可靠性。

最后，需要对预处理后的数据进行融合。数据融合可以通过将多个传感器采集到的数据进行加权平均、最大值、最小值等处理，以得到更全面、更可靠的信息。同时，需要注意数据融合的权重设置和融合结果的质量评估，以保证融合结果的有效性和可靠性。

（6）数据存储

在电梯运行态势感知技术中，数据存储是传感器数据处理的重要环节之一。为了方便后续的查询和分析，并保证数据的安全性和可靠性，需要选择合适的数据库进行数据存储。

在选择数据库时，首先需要考虑数据量、数据结构、查询效率等因素。常见的数据库包括关系型数据库和非关系型数据库，例如 MySQL、Oracle、MongoDB 等。为了提高数据的可读性和可维护性，需要对数据进行规范化处理。规范化是指将数据按照一定的规则和标准进行组织和存储，以避免数据冗余和不一致性。常见的规范化方法包括范式化和反范式化。

除了规范化处理外，还需要对数据进行备份和保护。数据备份是指将数据复制到其他位置或介质上，以防止数据丢失或损坏。数据保护是指通过采取措施，保护数据的安全性和可靠性。例如数据加密、权限管理等手段可以有效地防止数据泄露和篡改。

1.3.3 电梯运行状态识别和预警方法

1.3.3.1 电梯运行状态识别方法

（1）时域特征提取法

时域特征提取法是电梯运行状态识别中的一种常见方法。该方法基于时域信号的统计特征，例如均值、方差、偏度、峰度等，来描述电梯的运行状态。这些统计特征可以反映出电梯运行过程中的波动情况和变化规律，从而提供有用的信息来识别电梯的运行状态。

在具体实现时，需要对采集到的电梯运行数据进行预处理，例如去噪、滤波等。然后，通过计算时域特征，例如均值、方差、偏度、峰度等，得到特征向量。根据特征向量的不同取值,可以将电梯的运行状态分为上升、下降、停止等不同状态。

时域特征提取法是一种简单有效的电梯运行状态识别方法。它不需要过多的计算和模型建立,只需要通过简单的统计分析就能得到较为准确的结果。同时,这种方法也比较容易理解和实现,适合在实际应用中广泛使用。

（2）频域特征提取法

频域特征提取法是电梯运行状态识别中的另一种常用方法。该方法基于频域信号的能量分布和频率分布特征,例如功率谱密度、频率分布等,来描述电梯的运行状态。通过对这些特征进行分析和处理,可以识别出电梯的运行状态,例如上升、下降、停止等。

在具体实现时,需要对采集到的电梯运行数据进行预处理,例如去噪、滤波等。然后,通过对信号进行傅里叶变换,将时域信号转换为频域信号。接着,计算频域信号的功率谱密度和频率分布等特征,得到特征向量。根据特征向量的不同取值,可以将电梯的运行状态分为上升、下降、停止等不同状态。

频域特征提取法相较于时域特征提取法,更加适用于对电梯运行状态进行精细化描述。因为频域特征能够反映出电梯运行过程中的频率分布情况,从而提供更加详细的信息。同时,频域特征提取法也可以避免时域信号中的高频噪声对识别结果的影响。

（3）机器学习方法

机器学习方法是电梯运行状态识别中的一种重要方法,近年来得到广泛应用。该方法通过对大量的电梯运行数据进行分析和学习,构建出相应的分类模型,以识别电梯的运行状态。常用的机器学习算法包括支持向量机、决策树、神经网络等。

在具体实现时,需要将采集到的电梯运行数据分为训练集和测试集。其中,训练集用于构建分类模型,测试集用于评估模型的性能。然后,通过选择合适的特征和算法,构建出相应的分类模型。最后,对测试集进行预测,评估分类模型的准确率和可靠性。

机器学习方法相较于时域特征提取法和频域特征提取法,具有更高的准确率和可靠性。因为机器学习方法可以自动学习特征和规律,避免了人工选择特征的主观性和不全面性。同时,机器学习方法也可以根据实际情况进行调整和优化,以适应不同的应用场景。

（4）模型融合方法

模型融合方法是电梯运行状态识别中的一种重要方法,可以将多个分类模型进行融合,从而提高识别的准确率和可靠性。常用的模型融合方法包括投票法、加权平均法、Bagging 法等。

在具体实现时,首先需要先构建多个不同的分类模型,例如基于时域特征的模型、基于频域特征的模型、基于机器学习的模型等。然后,通过投票法、加权平均法、Bagging 法等方法将这些模型进行融合。其中,投票法是将多个模型的预测结果进行统计,选择得票最多的结果作为最终结果;加权平均法是根据每个模型的性能赋予不同的权重,将多个模型的预测结果进行加权平均得到最终结果;Bagging 法是通过随机抽样的方式构建多个不同的模型,再将这些模型进行融合。

模型融合方法相较于单一模型,具有更高的准确率和可靠性。因为模型融合方法可以充分利用多个分类模型的优势,避免了单一模型的局限性。同时,模型融合方法也可以通过调整和优化模型的组合方式,进一步提高识别的准确率和可靠性。

1.3.3.2 电梯运行预警方法

(1)基于传感器数据的故障预警方法

基于传感器数据的故障预警方法是电梯故障预警中的一种重要方法。该方法通过对电梯运行过程中传感器数据的实时监测和分析,来预测电梯的故障情况。

在具体实现时,需要选择合适的传感器,并采集传感器数据。例如,可以选择加速度传感器、温度传感器、电流传感器等。然后,通过分析传感器数据,提取出与电梯故障相关的特征。例如,当电梯发生故障时,会产生明显的振动信号;当电梯马达过热时,会产生明显的温度升高信号;当电梯电路出现短路时,会产生明显的电流异常信号。因此,这些特征可以用来预测电梯的故障情况。

最后,根据这些特征构建出故障预测模型,以实现对电梯故障的预警。例如,可以采用支持向量机、决策树、神经网络等机器学习算法,构建出故障预测模型。同时,也可以根据实际情况进行调整和优化,以适应不同的应用场景。

(2)基于机器学习的故障预警方法

基于机器学习的故障预警方法是电梯故障预警中的一种重要方法。该方法通过对大量的电梯运行数据进行分析和学习,构建出相应的故障预测模型。

在具体实现时,首先需要将采集到的电梯运行数据分为训练集和测试集。其中,训练集用于构建故障预测模型,测试集用于评估模型的性能。然后,通过选择合适的特征和算法,构建出相应的故障预测模型。例如,可以选择时域特征、频域特征、小波包分解等特征,并采用支持向量机、决策树、神经网络等机器学习算法进行模型训练。

最后,对测试集进行预测,评估模型的性能,并实现对电梯故障的预警。例如,可以采用准确率、召回率、F1 值等指标来评估模型的性能,以选择最优的故障预测模型。同时,也可以根据实际情况进行调整和优化,以适应不同的应用场景。

基于机器学习的故障预警方法相较于传统的基于规则的方法,具有更高的准确率和可靠性。因为机器学习方法可以自动学习特征和规律,避免了人工选择特征的主观性和不全面性。同时,机器学习方法也可以根据实际情况进行调整和优化,以适应不同的应用场景。

(3)基于模型融合的故障预警方法

基于模型融合的故障预警方法是电梯故障预警中的一种重要方法。该方法通过将多个故障预测模型进行融合,提高电梯故障预警的准确率和可靠性。

在具体实现时,需要先构建多个不同的故障预测模型,例如基于传感器数据的模型、基于机器学习的模型等。这些模型可以采用不同的特征和算法,以提高故障预测的准确率和可靠性。然后,通过投票法、加权平均法、Bagging 法等方法将这些模型进行融合,以提高故障预测的准确率和可靠性。例如,可以采用投票法,将多个故障预测模型的预测结果进行统计,选择出预测结果最多的模型作为最终的预测结果;也可以采用加权平均法,根据各个模型的性能对其进行加权平均,得到最终的预测结果;还可以采用 Bagging 法,通过对训练集进行有放回的抽样,构建多个不同的模型,然后将这些模型进行融合,以提高故障预测的准确率和可靠性。

基于模型融合的故障预警方法相较于单一模型的方法,具有更高的准确率和可靠性。因为模型融合可以避免单一模型的不足之处,同时也可以将多个模型的优点进行整合,提高故障预测的准确率和可靠性。

1.3.4 电梯运行状态感知算法的性能分析

(1)数据集的构建

数据集的构建是电梯运行状态感知算法性能分析的关键环节之一。为了确保数据集的质量和可靠性,需要采取一系列措施进行预处理和清洗。

具体实现时,需要采集大量的电梯运行数据,并对其进行预处理和清洗。预处理包括去除异常值、填补缺失值、归一化等操作,以保证数据的准确性和一致性。然后,根据电梯运行状态的分类标准,将数据集划分为正常状态、故障状态等多个类别,并对每个类别进行均衡采样,以避免类别不平衡问题对性能分析的影响。例如,可以采用欠采样、过采样等方法对数据集进行平衡处理。

在数据集的构建过程中,还需要考虑数据的多样性和代表性。多样性指的是数据集应该包含不同类型的电梯、不同地点的电梯、不同时间段的电梯等。代表性指的是数据集应该能够反映电梯运行状态的真实情况,避免因为数据集的偏差导致算法性能分析的误差和偏差。

(2)性能指标的选择

性能指标的选择是电梯运行状态感知算法性能评估中的重要环节之一。常用的性能指标包括准确率、召回率、F1 值等。

准确率是指分类器正确分类的样本数占总样本数的比例。准确率越高,表示分类器的分类结果越接近真实结果,分类效果越好。但是,在数据集不平衡的情况下,准确率可能会出现偏差,因此需要综合考虑其他性能指标。

召回率是指分类器正确识别出的正例样本数占总正例样本数的比例。召回率越高,表示分类器对正例样本的识别能力越强,分类效果越好。但是,高召回率可能会导致误判率增加,因此需要综合考虑其他性能指标。

F1 值是准确率和召回率的调和平均数,综合了准确率和召回率的优缺点。F1 值越高,表示分类器的分类效果越好,同时也考虑了数据集不平衡的情况。

除了上述常用的性能指标外,还可以考虑其他指标,如精确率、错误率、接受者操作特性曲线(receiver operating characteristic,ROC)曲线等。精确率是指分类器预测为正例的样本中,真正为正例的比例;错误率是指分类器预测错误的样本数占总样本数的比例;ROC 曲线可以综合考虑分类器的准确率和召回率,评估分类器的性能。

在选择性能指标时,需要根据具体的问题和目标进行选择。例如,在电梯运行状态感知算法中,需要综合考虑分类器对正常状态和故障状态的识别能力,同时还需要避免误判和漏判对电梯安全造成的影响,因此可以选择 F1 值作为主要的性能指标。

(3)性能分析方法的选择

性能分析方法的选择是电梯运行状态感知算法性能评估中的关键环节之一。常用的方法包括交叉验证、混淆矩阵分析、ROC 曲线分析等。

交叉验证是一种常用的性能分析方法,可以有效地避免过拟合和欠拟合问题,提高模型的泛化能力。在交叉验证中,将数据集划分为训练集和测试集,多次进行训练和测试,以减少随机因素对性能分析的影响。

混淆矩阵是一种直观的性能分析方法,可以展示分类器分类结果的正确性和错误性。混淆矩阵由四个元素组成:真正例(true positive)、假正例(false positive)、真反例(true negative)和假反例(false negative)。通过计算混淆矩阵中的各个元素,可以得到分类器的准确率、召回率、精确率等性能指标。

ROC 曲线是一种综合考虑分类器的准确率和召回率,评估分类器的性能的方法。ROC 曲线是以假正例率为横轴,真正例率为纵轴,绘制出的曲线。通过计算 ROC 曲线下方的面积(area under curve,AUC),可以评估分类器的性能,AUC 越大,分类器的性能越好。

在选择性能分析方法时,需要根据具体的问题和目标进行选择。例如,在电梯运行状态感知算法中,需要综合考虑分类器对正常状态和故障状态的识别能力,同时还需要避免误判和漏判对电梯安全造成的影响,因此可以选择混淆矩阵和 ROC 曲线作为主要的性能分析方法。

(4)性能分析实验的设计和实现

性能分析实验的设计和实现是电梯运行状态感知算法性能评估中的重要环节之一。具体实现时,可以采用交叉验证的方法对算法的性能进行评估。

首先,需要将数据集划分为训练集和测试集。在划分数据集时,需要避免数据集的偏差和不平衡问题,以保证实验结果的可靠性和准确性。然后,在训练集上训练电梯运行状态感知算法,通过调整模型参数、选择合适的特征等方法,提高算法的分类准确率和泛化能力。

接下来,在测试集上测试算法的性能。通过计算混淆矩阵中的各个元素,可以得到分类器的准确率、召回率、精确率等性能指标。同时,根据 ROC 曲线的绘制和 AUC 值的计算,可以综合考虑分类器的准确率和召回率,评估分类器的性能。

在实验过程中,需要注意实验环境的统一和控制,避免因为实验条件的变化导致实验结果的误差和偏差。同时,需要进行多次实验并取平均值,以减少随机因素对实验结果的影响。

(5)性能分析结果的展示和分析

性能分析结果的展示和分析是电梯运行状态感知算法性能评估中的重要环节之一。为了对实验结果进行可视化展示,可以采用表格、图表等方式。

在表格中,可以展示混淆矩阵中的各个元素,以及分类器的准确率、召回率、精确率等性能指标。通过对比不同算法在不同数据集上的表现,可以发现算法的优缺点和改进方向。

在图表中,可以绘制 ROC 曲线,并计算 AUC 值。通过对比不同算法的 ROC 曲线和 AUC 值,可以评估算法的性能,并提出针对性的改进建议。

除了可视化展示外,还需要对实验结果进行详细的分析和解释。通过对实验结果的分析,可以揭示算法的优缺点和改进方向。例如,如果发现算法在正常状态下的分类效果较好,但在故障状态下的分类效果较差,就需要考虑增加故障状态下的训练样本,或者引入更多的特征等方法,以提高算法的分类准确率和泛化能力。

1.4 本章小结

本章主要介绍了基于大数据的电梯运行态势感知技术的研究背景、研究目标和意义,以及研究方法和技术路线。首先,介绍了电梯安全背景以及大数据技术在电梯安全中的应用意义。随着城市化进程的加速和人口增长,电梯已成为现代城市中不可或缺的交通工具之一,电梯安全问题备受关注。而大数据技术的发展为电梯安全问题的解决提供了新的思路和方法。

其次,明确了本研究的研究目标和意义。研究目标是设计一种电梯安全态势感知系统,通过传感器数据采集和处理、电梯运行状态识别和故障预警等方法,实现对电梯运行状态的实时监测和预警。研究意义在于提高电梯的安全性能和服务质量,减少电梯事故的发生,保障人民群众的生命财产安全。

最后,阐述了本研究的研究方法和技术路线。研究方法主要采用基于大数据的电梯运行态势感知技术,其中包括电梯安全态势感知系统架构设计、传感器数据采集方法、传感器数据处理方法、电梯运行状态识别方法、电梯故障预警方法以及电梯运行状态感知算法的性能分析。通过这些方法和技术,可以实现对电梯运行状态的实时监测和预警,提高电梯的安全性能和服务质量。

总之,本章旨在介绍基于大数据的电梯运行态势感知技术的研究背景、研究目标和意义,以及研究方法和技术路线。通过本章的介绍,读者可以了解到本研究的研究内容和研究思路,为后续章节的阅读提供了基础。

参考文献

[1]吴蔚峰,王曾赞,郑信勇.基于视觉算法的电梯限速器校验可行性研究[J].市场监管与质量技术研究,2022(06):61-66.

[2]陈军.基于ARM嵌入式的电梯信息采集及微投系统优化与研究[D].武汉:武汉纺织大学,2020.

[3]周旋.电梯维保远程监控系统的研究与设计[D].贵阳:贵州大学,2020.

[4]李信芳,王继光.加装无接触式智能乘梯装置的施工分类和特殊要求[J].中国电梯,2022,33(21):43-45.

[5]叶轩宇.数据驱动的电梯远程智能运维平台开发及运用[D].杭州:杭州电子科技大学,2022.

[6]张福生,葛阳,沈长青,等.面向电梯本体安全的多源传感数据GNG网络融合建模方法[J].中国电梯,2022,33(24):16-19.

[7]胡刚.写字楼自控系统设计规划和探讨[J].电子技术与软件工程,2016(6):146.

[8]卢绍庆.基于CANopen协议的水下航行器控制系统现场总线应用设计[J].计算机测量与控制,2023,33(8):1-9.

[9]张庆浩,俞平,唐元晓,等.电梯维保质量评价研究进展与趋势分析[J].中国计量大学学报,2023,34(1):134-141.

[10]王楠.电梯维护保养质量分析与运行安全监测技术研究[J].清洗世界,2022,38(3):191-193.

[11]方鹏."互联网+"条件下产教深度融合实训基地建设探究:以中职电梯现代化实训基地建设为例[J].科学咨询(科技·管理),2022(1):175-177.

[12]孙昌泉,刘玉梅,吴晶,等.电梯下行制动试验轿厢滑移距离定性与定量研究[J].特种设备安全技术,2023(2):33-34+37.

[13]陶希东.引领区视域下浦东深化城市治理改革的思路与对策[J].科学发展,2023(4):66-74.

[14]卞其翀.基于改进ABC算法的电梯群控调控系统在智能化建筑中的应用[J].佳木斯大学学报(自然科学版),2023,41(1):63-67.

第2章

国内外研究现状

针对电梯运行安全态势感知技术的分析和应用,国内外都已做了大量的工作。在国内,清华、北大、上海交大、哈工大、苏大、中国矿大等诸多大学院所也非常重视电梯安全的研究。

2.1 国内外电梯安全监测的研究现状

2.1.1 电梯运行监测方法的研究现状

电梯是一种机电集成产品,国内外形成了大量有关机电产品的健康监测研究成果。现有机电产品健康监测及识别的建模方法总体可归纳为三类:故障机理模型、数理统计模型和数据驱动模型。其中,数据驱动的预测方法可克服故障机理模型难以建立和数据统计的预测误差大的问题,其可以从大量数据中提取设备劣化特征,已成为健康状态识别研究的主流方法。目前,马尔科夫模型、支持向量机模型、人工神经网络模型、Wiener过程模型、随机滤波模型等是比较常见的用于机电产品退化状态模式识别的方法。贝叶斯网络是不确定知识表达和推理领域最有效的理论模型之一,适合于产品故障诊断问题,在复杂设备的故障诊断中也有较多的应用。深度学习(deep learning,DL)是当前研究的热点算法,Ma 等应用受限波尔兹曼机(restricted boltzmann machines,RBM)和线性分类器,对图片和传感数据等多源异构数据实现统一的特征表示,进而预测电力变压器和断路器的故障。Tamilselvan 等基于多源传感器数据,应用 RBM 实现电力变压器的多种故障模式的诊断。Gan 等提出一个基于深度置信网络(deep belief networks,DBN)的层级诊断网络,用于滚动轴承不同故障模式识别。Fu 等应用 DBN 分析振动信号的特征,监测端铣操作的切削状态。Chen 等基于变速箱的振动信号,将卷积神经网络(convolutional neural networks,CNN)应用于变速箱故障诊断与分类。余永维等针对射线实时成像检测中精密铸件微小缺陷自动定位的需要,利用 CNN 的深度学习特征,通过学习缺陷特征矢量相似度,实现缺陷点的自动匹配。深度学习在模式识别领域有着巨大贡献,解决了以往机器学习识别率低的问题。

现有上述研究的潜在前提是,要求训练数据和测试数据是独立同分布的,而且对待标定的训练数据质量要求高且要求有充足的样本数量。针对电梯行业机电曳引等系统健康状态的数据多在设备边缘就丢弃,几乎没有数据存储,更谈不上数据的语义标定,而且电梯工况各异,传统数据监测模型的普适性差;基于神经网络的深度学习系列方法虽然取得了较大成功,但对于特种装备的电梯,可能因人的异常乘梯行为导致训练数据突变,加之其存在训练时间长、隐含层不可解释、鲁棒性差,甚至模型崩塌等缺点,上述理论方法在电梯的应用研究还有待探索。

2.1.2　感知数据的存储方法现状

现有研究很少涉及电梯安全方面的高效数据存储和查询问题,尤其基于电梯各多源异构传感数据的索引结构、存储方式和查询方法的研究更加罕见。

（1）索引结构

如何存储海量的多源感知数据是一个非常重要的问题。因鲜有学者研究电梯数据存储的问题,借鉴许多学者研究的轨迹数据存储问题,TrajStore 是一种能够高效地存取位于某个特定区域内所有数据的动态存储系统,其没有采用简单索引位置的方法,而是根据时空区域把轨迹数据先划分成了子轨迹,然后把同一区域内的轨迹数据打包存储。为管理数据 TrajTree 索引结构被设计出来,它主要适合进行 k 近邻查询操作。Popa 等人设计了另外一种针对轨迹数据流的索引结构,试图得到针对时空查询操作的最优代价。另一项是 Ni 等提出一种带参数的空间索引方法,它能够在多项式时间内索引轨迹中的路段。一些研究使用树作为数据的索引结构,而 R-Tree 是一种经典的存储空间数据的索引树,后续有大量的工作对轨 R-Tree 进行了改进。也有一些工作采用四叉树作为数据索引结构,避免了 R-Tree 中存在索引覆技术的方法建立索引。但这类索引只支持空间数据的存储和查询,没有提供含有时间系列信息的存储方法和查询方法。

（2）基于内存的存储

在数据规模非常大的时候,磁盘 I/O 会成为性能的瓶颈。大多数存储系统所优化的最终目标是减少在查询数据过程中的 I/O 操作次数,但无法彻底避免查询中的 I/O 操作。一些研究者使用内存数据库来进行数据的存储和查询。文献[26]采用了列式存储的思想,按照时间等间隔划分并将其分别存储在代表不同时间段的数据结构内。这种新型的结构在面临有时间限制的查询时,避免了对查询时间之外的数据检索,并且由于查询过程中无 I/O 操作,查询速度快。

（3）分布式查询方法

除了采用内存作为存储介质外,并行地对大规模轨迹数据查询也是一种适用于数据规模很大情况下的解决方案。也有学者借鉴 Spark 和 Hadoop 设计了分布式的时空数据存储查询框架,实现了基于内存的时空数据分布式存储和查询。文献[28]提出了一种面向 GPU 数据索引架构,支持多 GPU 环境下高维数据的范围查询,为大吞吐量数据应用提供了数据存储和查询服务。

2.1.3 多源传感数据融合建模方法现状

如何将电梯各传感器获取大量瞬时同步、异步、结构化、非结构化等的多源传感数据即时处理,现有研究主要集中在基于某类传感器数据的研究,有部分异构多源(不超过 3 类)传感数据的融合方法研究也取得了阶段性成果。

生物数据融合:如何获取数据是任何工作的首要问题,基于生命体征监测、态势感知和事件检测融合等方面开展了各类研究,Liang 等结合心律失常治疗中的临床需求,构建了一种基于交互式多模型(interactive multiple model,IMM)估计融合预测框架,通过正常状态和心律失常状态下的模式估计来实现自适应模式切换,从而对心律失常行为进行感知和预测。Ghasemi 对人体(手臂或脚踝)的非侵入型脉搏体积波形多源信息进行融合,从而对人体心血管风险因子进行了感知和预测。

数据融合方法:Zhang 等着重研究了数据处理的信息源相关原理、多元表达、语义构建等理论与方法。

Zheng 等则提出了通过云模型和 D - S 证据理论相结合,从而对复杂机械设备故障的模糊、不确定信息进行诊断识别的多源信息融合处理方法。Xu 等则构建了一种通过综合考量系统内外部置信度来估计多源信息系统中每个信息源可靠性的三角模糊粒子融合方法,从而有利于对海量数据中的有用多源信息进行融合。Saadi 等针对描述变量和采样率不同而导致的数据离散问题,提出了一种隐马尔可夫链与迭代比例拟合相结合的分层多源信息融合算法,该方法不仅可获得较好的边际分布与多变量联合分布,并且可实现对海量数据的灵活融合,可解决信息之间的异质性问题,实现对多个信息源的智能合并。Xu 等针对信息的不确定性与模糊性,提出了基于信息熵的模糊多源不完备系统信息融合方法。Li 等则针对海量数据集及其中的关键数据缺失等所导致的不完备多源信息系统特性,研究了不完备系统中的多源信息融合方法,并且通过借助信息熵来度量这种不完备性。Dabrowski 等则基于朴素贝叶斯变换的线性动态系统方法,构建了一种将多序列数据融合到单一模型的方法,这种方法不仅可以处理数据缺失,同时也可以解决数据的不同步问题。关于集成处理多传感器信息的融合方法包括加权平均、贝叶斯估算、改进卡尔曼滤波、模糊推理以及补偿人工神经网络等组合方法的相关融合成果还有待学界深入探索研究。上述理论和方法多基于结构化的数据融合算法研究,其在非结构化数据的融合方法还需进一步研究。

2.1.4 感知数据的降维和重构方法现状

电梯安全感知的主要方法是综合运用视觉传感器、振动、温湿度、陀螺仪和 GPS/北斗等各类传感器以一定频率采集安全信息并生成大量数据,这些大量数据加重了硬件设备的处理和传输负担,数据的压缩和降维方法也至关重要。近年来,Donoho、Candès 等人提出了压缩感知(compressed sensing,CS)理论,该 CS 理论包括数据的稀疏表示、观测矩阵的设计和重构算法的设计三个部分,具有低采样率和重构精度高的特点。

数据的稀疏表示。使用压缩感知理论的前提是数据在某一个变换域是稀疏的或者可压缩的,因此,数据经过计算后得到的稀疏表示会影响重构误差的大小。经过若干年的发展,数据的稀疏表示一类是以离散余弦变换、小波变换、傅里叶变换和 Gabor 变换方法为代表的正交基变换,使用不同的正交稀疏基矩阵,实现数据的稀疏表示。另一类是以 Curvelet 方法,Ridgelet 方法和 Contourlet 等的多尺度几何分析方法,其具有更好的变换稀疏表示。但这两类方法的缺点是如果稀疏基矩阵的选择不恰当,会影响重构的准确度。针对以上缺点,提出以 Gabor 字典,R‐G 混合字典和 Gabor 感知多成分字典等冗余字典方法。这些方法一定程度上实现了数据的压缩和稀疏表示,但仍存在感知结构固化,重构信息误差偏大等缺陷。

观测矩阵的设计。从压缩感知理论的角度看,观测矩阵的设计需要满足两个原则:限制等距性(RIP)和非相关性。Candès 证明了观测矩阵必须满足 RIP 限制的条件。Baraniuk 证明了观测矩阵的等价条件是观测矩阵与稀疏基矩阵之间不相关,即如果采用与稀疏基矩阵不相关的观测矩阵压缩采样数据,原始数据可以经过某种变换以后成为稀疏表示。当前较常用的有高斯随机观测矩阵和改进的轮换矩阵等。目前,观测矩阵的设计存在硬件方面难以实现的难题,理想观测矩阵的构造还待开发和完善。

重构算法的设计。在少量低维的数据中重建高维数据的过程,是压缩感知理论最为重要也是最关键的部分。国内外学者的观点主要包括以下几类。

第一类是贪婪算法。这类方法通过贪婪迭代的方式,寻找数据稀疏表示的支撑集,然后采用受限支撑最小二乘估计来重构原始数据。这类方法包括:迭代硬阈值方法,正则化正交匹配追踪算法,稀疏化梯度下降算法和阶段正交匹配追踪算法等。这类算法计算时间较短,但是所需的观测向量数据较多,重构精度不高。第二类是凸优化算法。这类算法是把非凸问题转化为凸优化问题求解,以找到数据的最优逼近。使用较多的有凸松弛算法,如 GPSR 算法和基于可分式逼近的稀疏重构算法,这类算法运算时间较长,但是所需要的观测数据少,重构准确度较高。第三类是非凸或者组合方法。这类方法的计算时间、观测数据个数以及数据重构精度介于贪婪算法和凸优化算法之间。也有学者将贪婪算法和最优化贝叶斯框架相结合,提出贝叶斯追踪算法。第四类是神经网络方法。该法是近几年压缩感知重构算法中较新的研究方向。Vidya 等人将径向基函数(radial basis function,RBF)节点和最小二乘误差最小化模块组成的级联神经网络应用到重构算法的设计中,用于稀疏信号的恢复。Li 等人提出了基于循环神经网络的压缩感知数据重构算法。这类方法的重构精度最高,但耗费的资源和时间也相对较多。

2.1.5 国内电梯安全法规和标准现状

（1）电梯安全法规

电梯作为一种特种设备，其安全问题一直备受关注。为了保障电梯的安全运行，我国制定了一系列电梯安全法规和标准进行规范和管理。

目前，我国电梯安全主要由《中华人民共和国特种设备安全法》《电梯安全管理规章制度条例》等法规进行规范。其中，《中华人民共和国特种设备安全法》是我国特种设备领域的基础法规，对电梯的制造、安装、改造、维修、保养等方面进行了规定，强调了特种设备使用单位应当对特种设备进行定期检测、检验等安全管理措施。《电梯安全管理规章制度条例》则是针对电梯安全领域的专门法规，明确规定了电梯的安装、改造、维修、保养、检验等方面的安全要求和标准，强调了电梯使用单位应当建立完善的安全管理制度，对电梯进行定期检查和维护，确保电梯的安全运行。

除了法规之外，我国还制定了一系列电梯安全标准，如《电梯制造与安装安全规范》《电梯维护保养安全管理规范》《电梯现场管理规范》等。这些标准对于电梯的安装、改造、维修、保养等方面进行了详细的规定和要求，为电梯的安全运行提供了技术支持和依据。

然而，电梯安全问题仍然存在着一定的隐患和挑战。因此，需要加强对电梯设备的维护保养和使用者的宣传教育和监管，从多个方面入手，共同保障人民群众的生命财产安全。同时，随着大数据技术的发展，可以应用基于大数据的电梯态势感知技术，实现对电梯设备的远程监测和预警，提高电梯的安全性能和服务质量。

（2）电梯安全标准

《电梯制造与安装安全规范》明确了电梯的基本要求、安装条件、安装程序等方面的规定，强调了电梯的安装应当符合国家标准和相关规定。在实际安装过程中，需要根据具体情况选择合适的安装位置和方式，确保电梯设备的稳定性和安全性。此外，还需要对电梯设备进行全面、准确地检测和评估，确保其符合安全要求和标准。

《电梯维护保养安全管理规范》则对电梯的维修、保养等方面进行了详细的规定和要求，强调了维修人员应当具备相应的技术资质和经验，对电梯设备进行全面、准确地检测和评估，及时发现和修复潜在的安全隐患。在维修和保养过程中，需要严格按照规范要求进行操作，确保维修质量和安全性能。

此外，还有《电梯现场管理规范》等标准，对电梯的管理和运行方面进行了详细的规定和要求。这些标准为电梯的安全运行提供了技术支持和依据，同时也为电梯设备的管理和运行提供了指导和帮助。

随着大数据技术的发展，可以应用基于大数据的电梯态势感知技术，实现对电梯设备的远程监测和预警,提高电梯的安全性能和服务质量。同时,还需要加强对电梯设备的维护保养和使用者的宣传教育和监管,从多个方面入手,共同保障人民群众的生命财产安全。

2.2 电梯安全现状

2.2.1 主要国家电梯数量和使用情况

随着城市化进程的加速和人民生活水平的提高,电梯已经成为现代城市交通的重要组成部分。在全球范围内,电梯的数量和使用率不断增加,成为一种普及化的交通方式。

根据国际电梯协会的数据显示,全球电梯的数量已经超过了 2000 万台,其中亚洲地区的电梯数量最多,占比超过 60%。同时,电梯的使用率也非常高,特别是在高层建筑(图 2.1)和公共场所。

图 2.1 摩天大楼

在国际上,电梯的安全问题备受关注。各个国家也都制定了相应的电梯安全法规和标准进行规范和管理。例如,欧盟对电梯的安全问题进行了明确的规定和要求,强调了电梯的安全性能和服务质量。美国也对电梯的安全问题进行了严格的管理和监管,对电梯的制造、安装、改造、维修等方面进行了详细的规定和要求。

2.2.2 国外电梯安全事故现状及分析

随着城市化进程的加速和人民生活水平的提高,电梯已经成为现代城市交通的重要组成部分。然而,电梯安全问题也备受关注。在国外,电梯安全事故时有发生,给人们的生命财产安全带来了威胁。因此,对于电梯安全事故的发生频率及原因进行分析和研究非常必要。

据统计,美国是发生电梯安全事故比较多的国家之一。根据美国职业安全卫生管理局的数据显示,每年约有 30 人因电梯事故死亡,超过 17000 人因电梯事故受伤。其中,电梯坠落、电梯门夹人和电梯失控等问题是导致电梯事故的主要原因。

除了美国之外,其他国家的电梯安全事故也时有发生,如欧洲、日本、韩国等地。在欧洲,电梯事故的发生率相对较低,但仍然存在一定的安全隐患。据欧洲电梯协会的数据显示,电梯事故的主要原因包括电梯设备老化、维护保养不当、电力供应故障等。

在国外电梯安全事故的原因分析中,可以发现,电梯设备本身的质量和维护保养情况是导致电梯事故的主要原因之一。此外,电梯使用者的安全意识和行为也对电梯安全有着重要的影响。因此,在电梯的管理和运营过程中,需要加强对电梯设备的维护保养和使用者的宣传教育和监管,从多个方面入手,共同保障人民群众的生命财产安全。

（1）电梯设备老化

在电梯的运行过程中,电子设备会受到温度、湿度、电磁干扰等多种因素的影响,逐渐失去原有的性能和功能,从而增加了电梯发生事故的风险。因此,及时检测和更换老化的电子设备对于保障电梯的安全运行具有非常重要的意义。

具体来说,电梯的控制系统、传感器、电机等电子设备都存在老化的问题。控制系统中的电路板、继电器、开关等元件会因长期使用而产生腐蚀、氧化等问题,导致电路接触不良、断路等故障;传感器会因为机械磨损和电磁干扰等原因失去灵敏度和准确度;电机会因为长期使用和高温等原因导致绕组老化、绝缘失效等问题。

这些老化问题会严重影响电梯的安全性能和服务质量。例如,控制系统故障可能导致电梯失控、停滞或坠落等问题;传感器故障可能导致电梯误差、停滞或异常运行等问题;电机故障可能导致电梯运行不稳、噪声大等问题。因此,及时检测和更换老化的电子设备对于保障电梯的安全运行具有非常重要的意义。

借助大数据技术,可以实现对电梯设备的远程监测和预警,及时发现和预防潜在的安全隐患,提高电梯的安全性能和服务质量。例如,通过采集电梯设备的运行数据和历史维修记录,结合先进的数据挖掘和分析技术,可以对电梯设备进行智能化诊断和预测,及时发现和排除潜在的故障隐患,避免事故的发生。

同时,还需要加强对电梯设备的维护保养和使用者的宣传教育和监管,从多个方面入手,共同保障人民群众的生命财产安全。例如,制定完善的电梯维护保养标准和规范,建立健全的电梯设备维修管理体系,加强对电梯设备维修人员的培训和管理,提高其技术水平和操作规范;加强对电梯设备的安全宣传和教育,提高公众的安全意识和责任心;加强对电梯设备的监管和检查,及时发现和处理存在的安全隐患。

（2）维护保养不当

维护保养不当是导致电梯安全事故的主要原因之一。在电梯的运行过程中，定期对电梯设备进行维护保养，以确保其安全性能和服务质量。然而，如果维护保养不当，就会增加电梯发生事故的风险。

首先，维护保养周期不合理会影响电梯的安全性能和服务质量。电梯的维护保养周期应该根据电梯的使用情况和设备状况来确定。如果维护保养周期过长或过短都会影响电梯的安全性能和服务质量。如果维护保养周期过长，可能会导致电梯设备老化、部件损坏等问题，增加电梯事故的风险。如果维护保养周期过短，可能会浪费资源和时间，同时也会增加电梯维护保养成本。

其次，维护保养内容不全面也会增加电梯事故的风险。电梯的维护保养应该包括对电梯各个部件的检查、清洁、润滑等工作。如果只是表面检查或者只对某些部件进行维护保养，就会忽略其他可能存在的安全隐患。因此，电梯维护保养应该全面、细致，对电梯的每个部件都要进行检查和维护保养。

此外，维护保养人员技术水平不高也是导致电梯事故的重要原因之一。电梯的维护保养需要专业技术人员进行操作。如果维护保养人员技术水平不高，就会无法及时发现和处理电梯的安全隐患，从而增加电梯事故的风险。因此，电梯维护保养人员需要接受专业培训和考核，确保其技术水平和操作规范。

最后，维护保养材料不合格也会影响电梯的安全性能和服务质量。电梯的维护保养需要使用合格的材料和工具。

（3）电力供应

电力供应问题是导致电梯安全事故的另一个重要原因。在电梯运行过程中，稳定的电力供应对于保障电梯的安全性能和服务质量至关重要。然而，电力供应系统存在多种问题，包括电压不稳定、断电或停电、电力线路故障以及天气影响（如雷击）等，这些问题都增加了电梯发生事故的风险。

首先，电压不稳定会影响电梯的运行性能和安全性能。电梯的电机需要稳定的电压才能正常运行，如果电压不稳定，就会导致电梯运行不稳定、噪声大、电机损坏等问题，从而增加电梯发生事故的风险。其次，断电或停电可能导致电梯停止运行、失控或坠落等问题，给人们的生命财产安全带来威胁。因此，电梯需要安装备用电源设备，以保证在停电或断电情况下，电梯可以正常运行并保障乘客安全。此外，电梯的电力线路需要保持良好的绝缘性能，如果存在线路故障，就会影响电梯的安全性能和服务质量。例如，线路故障可能导致电梯失控、停滞或坠落等问题，给人们的生命财产安全带来威胁。最后，雷击等天气因素也可能导致电梯的电路损坏、电磁干扰等问题，增加电梯发生事故的风险。因此，电梯设备需要采取相应的防雷措施，以提高其抗雷击能力和安全性能。

为了确保电梯的电力供应稳定和可靠,需要借助大数据技术进行远程监测和预警。通过采集电梯设备的运行数据和历史维修记录,结合先进的数据挖掘和分析技术,可以对电梯设备进行智能化诊断和预测,及时发现和排除潜在的故障隐患,避免事故的发生。同时,还需要加强对电力供应系统的维护和管理,确保其稳定性和可靠性,共同保障人民群众的生命财产安全。

2.2.3　国外电梯安全法规和标准

在国外,电梯作为一种特殊的交通工具,其安全性被高度重视。各个国家和地区都制定了相应的电梯安全法规和标准,以确保电梯的安全运行。以下是国外几个主要地区的电梯安全法规和标准的简要介绍:

(1)美国电梯安全法规和标准

美国电梯安全法规主要包括《电梯安全法》(Elevator Safety Act)和《电梯安全条例》(Elevator Safety Code)。其中,《电梯安全法》规定了电梯的安全要求和责任分配等内容,而《电梯安全条例》则规定了电梯的设计、制造、安装、使用和维护保养等方面的技术要求和标准。此外,美国还有一些非强制性的电梯安全标准,如 ASME A17.1 和 ASME A17.3 等,这些标准对电梯的设计、制造、安装、使用和维护保养等方面也提出了详细的要求。

(2)欧洲电梯安全法规和标准

欧洲电梯安全法规主要包括《机械设备指令》(Machinery Directive)和《电梯指令》(Lift Directive)。其中,《机械设备指令》规定了电梯的设计、制造和安装等方面的技术要求和标准,而《电梯指令》则规定了电梯的使用和维护保养等方面的技术要求和标准。此外,欧洲还有一些非强制性的电梯安全标准,如 EN 81-1、EN 81-2、EN 81-28 等,这些标准对电梯的设计、制造、安装、使用和维护保养等方面也提出了详细的要求。

(3)日本电梯安全法规和标准

日本电梯安全法规主要包括《电梯安全法》和《电梯标准》。其中,《电梯安全法》规定了电梯的安全要求和责任分配等内容,而《电梯标准》则规定了电梯的设计、制造、安装、使用和维护保养等方面的技术要求和标准。此外,日本还有一些非强制性的电梯安全标准,如 JIS A 4307、JIS A 4308 等,这些标准对电梯的设计、制造、安装、使用和维护保养等方面也提出了详细的要求。

总之,各个国家和地区都十分重视电梯的安全性,因此制定了相应的电梯安全法规和标准,以保障电梯的安全运行。这些法规和标准针对电梯的设计、制造、安装、使用和维护保养等方面提出了相应的技术要求和标准,为电梯运行态势感知技术研究提供了参考。

美国、欧洲和日本等地的电梯安全法规和标准是较为完善和严格的,各种法规和标准主要规定了电梯的安全要求、责任分配、设计、制造、安装、使用和维护保养等方面的技术要求和标准。在电梯运行态势感知技术研究中,可以参考这些法规和标准,了解电梯的技术要求和标准。

2.2.4 行为识别研究现状

电梯安全很大程度上也依赖于乘梯人的行为,打斗、蹦跳和冲击等异常行为会给电梯安全造成严重威胁。基于乘梯人的行为识别是电梯安全态势感知的重要环节,更因其具有偶发、短时、数据流大等约束,是国内外学者争相研究攻克的重要技术难题。现有对人的行为识别研究中,主要集中在智能安防和人机交互等领域,国内外行为识别的主流方法可概括为以下三种。

(1)行为关系分析法,通常是指利用概率模型,基于统计分析对行为动作间的数学模型进行建立,实现对行为的分类和识别。统计显著关联规则模型、依赖狄利克雷过程的隐马尔科夫模型和混合高斯模型等方法都是利用数学模型对行为进行分类和判断。

(2)隐马尔可夫模型,可以用于具有离散时间特性的概率统计,在使用时主要有训练和分类两个部分。训练过程中,首先对隐马尔可夫模型的参数进行设置,通过优化模型让目标行为和概率进行对应。在分类过程中,对模型的输出结果进行概率计算。隐马尔可夫模型不能处理三个及以上的过程。建立在数学模型上的方法的效果比较好,但是由于统计分析方法的特性,需要对应动作的大量样本。

(3)模板匹配法,是在建立异常行为模板库的基础上,将当前正在发生的行为与库中已有的异常行为模板进行对比,进而对当前行为进行判断。赵海勇等基于这种思想,开发了一种用于检测人体日常行为的算法。通过对目标特征进行降维,获得目标的一维特征,再区分不同的行为。同样基于模板匹配的思想,Bobick 和 Davis 分别采用了运动能量图和运动历史图像对人体的行为进行了分析,然后将分析的结果通过与设定的模板之间的 Hausdorff 距离进行匹配。与 Hu 矩特征匹配类似,Weinland 采用欧氏距离来实现动作与模板之间的匹配关系。模板匹配法在电梯环境下也能使用,汤等通过设置电梯轿厢内暴力行为语义模板,再对电梯内的情境进行分析来实现对暴力行为的检测。模板匹配法的检测速度快、原理简单,但是这种算法容易受到噪声的影响,进而影响检测精度。

以上基于模板匹配的方法和基于行为关系分析的方法主要集中在对于特定行为的识别上,如站立、坐下、行走、举手等等行为。而在现实生活中,异常行为并不只是单纯的一个行为,所有不符合场景安全要求的行为,都是异常行为。因此,电梯内的行为识别主要采用特征分析法。如利用运动历史图像来构造能量函数,利用图像基于时空的特征来分析暴力行为。科研人员通过提取人体部位关系场特征,进行卷积神经网络的训练,实现了对轿厢内扒门行为的识别;利用边缘计算范式设计并开发了电梯异常行为视频监控系统,实现了异常图像序列的识别和异常行为的检测。但由于缺乏基于电梯运行数据的关联和联动,当梯内摄像机被遮挡或发生故障,上述研究就无法进行。

2.3 国内外电梯安全技术发展趋势

2.3.1 大数据技术在电梯安全中的应用趋势

随着大数据技术的不断发展和应用,其在电梯安全领域也有着广泛的应用前景。大数据技术可以通过对电梯运行数据进行采集、存储、处理和分析,实现对电梯的实时监测、预警和故障诊断等功能,提高电梯的安全性能和服务质量。以下是大数据技术在电梯安全中的应用趋势的具体内容。

(1)电梯运行数据的采集与存储

大数据技术可以实现对电梯运行数据的实时采集和存储,包括电梯的运行状态、故障信息、维护保养记录等。这些数据可以通过传感器、云端存储等方式进行采集和存储,同时也可以进行数据清洗和处理,以提高数据的准确性和可靠性。

传感器是一种重要的数据采集方式。通过在电梯中安装各种传感器,可以实现对电梯运行数据的实时采集和监测。例如,可以通过加速度传感器、温湿度传感器等对电梯的运行状态进行监测,从而获取电梯的运行数据,为后续的数据分析和挖掘提供支持。

云端存储是一种重要的数据存储方式。通过将电梯运行数据上传到云端进行存储,可以实现数据的实时共享和备份。同时,云端存储还可以实现对数据的安全管理和保护,避免数据泄露和丢失。

数据清洗和处理是一种重要的数据处理方式。通过对电梯运行数据进行清洗和处理,可以提高数据的准确性和可靠性。例如,可以通过数据清洗和处理技术去除电梯运行数据中的异常值和错误数据,从而提高数据的质量和可信度。

(2)电梯运行数据的分析与挖掘

大数据技术可以对电梯运行数据进行分析和挖掘,以发现电梯的潜在安全隐患和故障风险。通过数据分析和挖掘,可以得出电梯的运行趋势和规律,以及电梯故障和事故的原因和影响因素等信息,为电梯安全管理提供科学依据。

数据分析是一种重要的数据处理方式。通过对电梯运行数据进行分析,可以发现电梯的运行趋势和规律,为电梯安全管理提供支持。例如,可以通过时间序列分析算法对电梯运行数据进行分析,从而发现电梯运行的周期性规律和趋势变化,为后续的故障预测和维护保养提供支持。

数据挖掘是一种重要的数据分析方式。通过对电梯运行数据进行挖掘,可以发现电梯故障和事故的原因和影响因素,为电梯安全管理提供支持。例如,可以通过关联规则挖掘算法对电梯运行数据进行挖掘,从而发现电梯故障和事故发生的相关因素和规律,为后续的安全管理和维护保养提供支持。

(3)电梯运行数据的预测与预警

大数据技术可以通过对电梯运行数据的分析和挖掘,实现电梯运行状态的预测和预警。根据历史数据和运行趋势,可以预测电梯可能出现的故障和事故,及时发出预警信号,提高电梯的安全性能和服务质量。

基于大数据的预测性维护是一种重要的智能化维护保养方式。通过对电梯运行数据进行分析和挖掘,可以实现对电梯可能发生故障的预测和预警,从而提前制定维护保养计划,避免电梯故障给用户带来不便。例如,可以通过大数据分析算法对电梯运行数据进行分析和挖掘,从而预测出电梯可能出现的故障类型和故障时间,从而提前规划维护保养活动,避免电梯故障给用户带来不便。

预警系统是一种重要的电梯安全管理工具。通过对电梯运行数据进行实时监控和分析,可以及时发现电梯可能存在的安全隐患和故障问题,并发出预警信号,提醒相关人员及时采取措施。例如,可以通过设置智能监测系统,对电梯的运行状态进行实时监测和分析,从而发现电梯可能存在的安全隐患和故障问题,并及时发出预警信号,保障用户的出行安全。

(4)电梯运行数据的故障诊断与维护保养

大数据技术可以通过对电梯运行数据的分析和挖掘,实现对电梯故障的诊断和维护保养的优化。根据历史数据和故障趋势,可以快速定位电梯故障的位置和原因,并给出相应的维修方案。同时,也可以优化电梯的维护保养计划,提高维护保养的效率和质量。

故障诊断是一种重要的智能化维护保养方式。通过对电梯运行数据进行分析和挖掘,可以实现对电梯故障的诊断和定位,从而给出相应的维修方案。例如,可以通过大数据分析算法对电梯运行数据进行分析和挖掘,从而定位出电梯故障的具体位置和原因,为后续的维修保养提供支持。

维护保养优化是一种重要的电梯管理方式。通过对电梯运行数据进行分析和挖掘,可以优化电梯的维护保养计划,提高维护保养的效率和质量。例如,可以通过大数据分析算法对电梯运行数据进行分析和挖掘,从而优化电梯的维护保养计划,避免不必要的维护保养活动,提高维护保养的效率和质量。

2.3.2　电梯安全态势感知技术的发展趋势

电梯安全态势感知技术是指通过对电梯运行数据的采集、存储、处理和分析,实现对电梯的实时监测、预警和故障诊断等功能,提高电梯的安全性能和服务质量。随着大数据技术的不断发展和应用,电梯安全态势感知技术也在不断创新和发展。

（1）多源数据的融合应用

随着传感器技术和互联网技术的不断发展,电梯运行数据的来源越来越多样化。未来,电梯安全态势感知技术将会更多地采用多源数据的融合应用,更全面、准确地感知电梯的安全态势。

其中,视频监控数据是一种重要的数据源。通过视频监控系统,可以对电梯内外的情况进行实时监测和录像记录,从而及时发现并解决电梯可能存在的安全隐患。例如,可以通过视频监控系统检测电梯内是否存在卡人等紧急情况,及时采取救援措施,保障乘客安全。

此外,人流数据也是一种重要的数据源。通过人流数据的采集和分析,可以了解电梯的使用情况和高峰期的出现时间,从而合理规划电梯的维护和保养计划,提高电梯的安全性能和服务质量。

气象数据也是一种重要的数据源。通过气象数据的采集和分析,可以了解天气变化对电梯运行的影响,如温度变化对电梯电路和电机的影响,降雨天气对电梯的故障率影响等。通过对这些数据进行分析和挖掘,可以及时发现并解决电梯运行过程中可能存在的安全隐患,提高电梯的安全性能和服务质量。

（2）人工智能的应用

人工智能技术可以通过对电梯运行数据的分析和挖掘,实现对电梯安全状态的自动识别和预警。未来,电梯安全态势感知技术将会更多地采用人工智能技术,如深度学习、神经网络等,以提高电梯的安全性能和服务质量。

其中,深度学习是一种重要的人工智能技术。通过对电梯运行数据的深度学习分析,可以建立电梯故障预测模型和安全评估模型,实现对电梯运行状态的自动识别和预警。例如,可以通过深度学习算法对电梯运行数据进行分析和挖掘,从而预测电梯可能出现的故障类型和故障时间,为电梯维护和保养提供科学依据。同时,可以通过深度学习算法对电梯的安全性能进行评估,发现电梯存在的安全隐患,并及时采取措施解决问题,提高电梯的安全性能。

神经网络也是一种重要的人工智能技术。通过神经网络的训练和优化,可以建立电梯运行数据的分类和识别模型,实现对电梯运行状态的自动识别和预警。例如,可以通过神经网络算法对电梯运行数据进行分类和识别,从而判断电梯是否存在异常情况,如电梯运行速度是否正常、电梯是否超载等。通过及时发现电梯的异常情况,并采取相应措施,可以避免意外事故的发生,提高电梯的安全性能和服务质量。

(3)云计算的应用

云计算技术可以通过对电梯运行数据的集中存储和处理,实现对电梯安全状态的实时监测和预警。未来,电梯安全态势感知技术将会更多地采用云计算技术,如分布式计算、边缘计算等,以提高电梯的安全性能和服务质量。

其中,分布式计算是一种重要的云计算技术。通过分布式计算系统,可以将电梯运行数据在不同的计算节点上进行分布式存储和处理,从而实现对电梯运行状态的实时监测和预警。例如,可以通过分布式计算系统对电梯运行数据进行实时分析和挖掘,及时发现并预警电梯的异常情况,从而避免意外事故的发生。

边缘计算也是一种重要的云计算技术。通过边缘计算系统,可以将电梯运行数据在离电梯较近的计算节点上进行存储和处理,从而实现对电梯运行状态的实时监测和预警。例如,可以通过边缘计算系统在电梯控制器上部署智能化算法,对电梯运行数据进行实时分析和挖掘,及时发现并预警电梯的异常情况,从而提高电梯的安全性能和服务质量。

(4)智能化的维护保养

电梯安全态势感知技术可以通过对电梯运行数据的分析和挖掘,优化电梯的维护保养计划,并提供相应的维修方案。未来,电梯安全态势感知技术将会更多地采用智能化的维护保养方式,如基于大数据的预测性维护、远程维修等,以提高维护保养的效率和质量。

其中,基于大数据的预测性维护是一种重要的智能化维护方式。通过对电梯运行数据的分析和挖掘,可以建立电梯故障预测模型和安全评估模型,实现对电梯维护保养的预测和规划。例如,可以通过大数据分析算法对电梯运行数据进行分析和挖掘,从而预测电梯可能出现的故障类型和故障时间,为电梯维护和保养提供科学依据。

远程维修也是一种重要的智能化维护方式。通过远程维修系统,可以实现对电梯的远程监控和维修。例如,可以通过远程维修系统对电梯运行数据进行实时监测和分析,及时发现并解决电梯可能存在的安全隐患。同时,可以通过远程维修系统对电梯进行实时调试和修复,提高电梯的维护保养效率和质量。

2.3.3 智能化电梯技术的发展趋势

随着大数据技术和人工智能技术的不断发展,智能化电梯技术也在不断创新和发展。智能化电梯技术是指通过对电梯运行数据的采集、存储、处理和分析,实现对电梯的自动化控制、智能化服务和安全监测等功能,提高电梯的安全性能和服务质量。以下是智能化电梯技术的发展趋势的具体内容。

（1）人机交互技术的应用

随着人机交互技术的不断发展和应用，智能化电梯技术将会更加注重用户体验和舒适度。未来，智能化电梯技术将会更多地采用语音识别、手势识别、面部识别等人机交互技术，以提高电梯的智能化服务水平。

语音识别是一种重要的人机交互技术。通过语音识别技术，可以实现用户对电梯的语音指令控制，如语音呼叫、语音选择楼层等。例如，当用户进入电梯后，可以通过语音指令告诉电梯要前往哪个楼层，电梯会自动识别并前往指定楼层，为用户提供便捷的服务。

手势识别也是一种重要的人机交互技术。通过手势识别技术，可以实现用户对电梯的手势控制，如手势呼叫、手势选择楼层等。例如，当用户进入电梯后，可以通过手势操作告诉电梯要前往哪个楼层，电梯会自动识别并前往指定楼层，为用户提供便捷的服务。

面部识别也是一种重要的人机交互技术。通过面部识别技术，可以实现用户的身份认证和电梯的智能化服务。例如，当用户进入电梯后，可以通过面部识别技术进行身份认证，电梯会自动识别用户的身份并提供相应的服务，如根据用户的偏好调整电梯的音乐播放列表等。

（2）5G 技术的应用

5G 技术的应用将会为智能化电梯技术带来更快速、更稳定的数据传输和通信，同时也将为电梯的智能化控制和安全监测带来更高效、更可靠的支持。未来，智能化电梯技术将会更多地采用 5G 技术，以提高电梯的智能化控制和安全监测水平。

5G 技术的高速传输和低时延特性将会为电梯的智能化控制带来更高效的支持。例如，通过 5G 技术可以实现对电梯运行数据的实时监测和分析，及时发现并预警电梯的异常情况，从而避免意外事故的发生。同时，5G 技术还可以实现对电梯的远程控制和调试，提高电梯的智能化控制效率和质量。

5G 技术的高可靠性和低时延特性将会为电梯的安全监测带来更可靠的支持。例如，通过 5G 技术可以实现对电梯安全状态的实时监测和预警，及时发现并解决电梯可能存在的安全隐患。同时，5G 技术还可以实现对电梯安全数据的实时传输和存储，为电梯的安全监测提供更加可靠的支持。

（3）人工智能技术的应用

人工智能技术可以通过对电梯运行数据的分析和挖掘，实现电梯的自动化控制、智能化服务和安全监测等功能。未来，智能化电梯技术将会更多地采用人工智能技术，如深度学习、神经网络等,以提高电梯的智能化控制和安全监测水平。

深度学习是一种重要的人工智能技术。通过深度学习技术,可以实现对电梯运行数据的自动化分析和挖掘,从而预测电梯可能出现的故障类型和故障时间,为电梯维护和保养提供科学依据。例如,可以通过深度学习算法对电梯运行数据进行分析和挖掘,预测电梯可能出现的故障类型和故障时间,从而提前规划维护保养活动,避免电梯故障给用户带来不便。

神经网络是一种重要的人工智能技术。通过神经网络技术,可以实现对电梯运行数据的智能化控制和安全监测。例如,可以通过神经网络算法对电梯运行数据进行分析和挖掘,从而实现电梯的自动化控制和智能化服务。同时,可以通过神经网络算法对电梯安全状态进行实时监测,及时发现并解决电梯可能存在的安全隐患。

(4)智能化维护保养

智能化电梯技术可以通过对电梯运行数据的分析和挖掘,优化电梯的维护保养计划,并提供相应的维修方案。未来,智能化电梯技术将会更多地采用智能化维护保养方式,如基于大数据的预测性维护、远程维修等,以提高维护保养的效率和质量。

基于大数据的预测性维护是一种重要的智能化维护保养方式。通过对电梯运行数据的分析和挖掘,可以实现对电梯可能发生故障的预测和预警,从而提前制定维护保养计划,避免电梯故障给用户带来不便。例如,可以通过大数据分析算法对电梯运行数据进行分析和挖掘,预测出电梯可能出现的故障类型和故障时间,从而提前规划维护保养活动,避免电梯故障给用户带来不便。

远程维修技术是一种新型的电梯维修方式,通过将电梯的传感器和控制器等设备连接到互联网,实现对电梯运行数据的远程监控和分析。在电梯安全管理平台中,可以利用远程维修技术对电梯的运行数据进行实时监控和分析,及时发现并解决电梯可能存在的故障问题,从而减少用户等待时间和维修成本。具体来说,远程维修技术可以应用于以下几个方面:

①远程监测:通过将电梯的传感器和控制器等设备连接到互联网,实现对电梯的远程监测和控制。在电梯安全管理平台中,可以实时获取电梯的运行数据,如电梯的温度、湿度、速度、负载等指标,进而实现对电梯运行状态的实时监测。

②异常检测:通过对电梯的运行数据进行分析和挖掘,可以提取出关键特征和异常情况,及时发现电梯的异常情况并进行处理。在电梯安全管理平台中,可以利用数据挖掘和机器学习等技术,对电梯的运行数据进行分析和挖掘,提取出关键特征和异常情况,并实时向电梯管理人员发送预警信息,以便及时处理。

③远程维修:通过远程维修技术,可以实现对电梯的远程维修和故障处理。在电梯安全管理平台中,可以将电梯的故障信息输入到远程维修系统中,通过远程技术对电梯

进行诊断和处理。同时,也可以通过移动终端和网页等方式,将维修方案和维修进度实时反馈给电梯管理人员,提高电梯的服务质量。

通过采用远程维修技术,可以实现对电梯运行数据的实时监控和分析,及时发现并解决电梯可能存在的故障问题,从而减少用户等待时间和维修成本。未来,随着远程维修技术的不断发展和应用,电梯安全管理平台的功能和性能将会不断提升,为电梯行业的安全管理和发展提供更加有力的支持。

2.3.4　电梯安全管理平台的发展趋势

随着电梯安全问题日益受到关注,电梯安全管理平台在电梯安全领域的应用也越来越广泛。电梯安全管理平台是指通过对电梯运行数据的采集、存储、处理和分析,实现对电梯的实时监测、预警和故障诊断等功能,以提高电梯的安全性能和服务质量。以下是电梯安全管理平台的发展趋势的具体内容。

（1）多维度数据的集成应用

电梯安全管理平台将会更多地采用多维度数据的集成应用,包括电梯运行数据、维护保养数据、安全检查数据、用户反馈数据等。这些数据可以通过云端存储和处理,实现对电梯的全面监测和分析。在电梯安全管理平台中,可以通过数据挖掘和机器学习等技术,对这些数据进行深度分析和挖掘,提取出关键特征和异常情况,从而实现对电梯的全面监测。

电梯运行数据是电梯安全管理平台的重要数据来源之一。通过对电梯运行数据的分析和挖掘,可以识别出电梯的运行状态和异常情况,如电梯超载、电梯故障等。维护保养数据是电梯安全管理平台的另一个重要数据来源。通过对维护保养数据的分析和挖掘,可以了解电梯的维护保养情况,及时发现问题,提高电梯的维护保养效率和质量。安全检查数据是电梯安全管理平台的重要监测数据之一。通过对安全检查数据的分析和挖掘,可以了解电梯的安全状态,及时发现隐患,提高电梯的安全性。用户反馈数据是电梯安全管理平台的重要参考数据之一。通过对用户反馈数据的分析和挖掘,可以了解用户对电梯的评价和问题反馈,及时改进电梯的服务质量。

通过采用多维度数据的集成应用,可以实现对电梯的全面监测和分析,提高电梯安全管理平台的准确性和精度。

（2）智能化的预警和故障诊断

电梯安全管理平台将会更多地采用智能化的预警和故障诊断技术,如基于大数据的预测性维护、人工智能技术等。通过对电梯运行数据的分析和挖掘,可以实现对电梯安全状态的自动识别和预警,以及对电梯故障和事故的快速诊断。

基于大数据的预测性维护是一种可行的方案。该方案利用大数据技术和机器学习算法等先进技术,对电梯运行数据进行深度分析和挖掘,提取出关键特征和异常情况,从而实现对电梯的全面监测。通过对电梯运行数据的分析和挖掘,可以识别出电梯的运行状态和异常情况,如电梯超载、电梯故障等,并在发生异常情况时及时预警,提高电梯的安全性和可靠性。

另一种可行的方案是采用人工智能技术。通过建立电梯故障和事故的知识库,可以利用人工智能技术实现对电梯故障和事故的自动诊断和处理。在电梯安全管理平台中,可以将电梯的运行数据和故障信息输入到人工智能模型中,通过机器学习和深度学习等技术,实现对电梯故障和事故的自动诊断和处理。同时,可以通过移动终端和网页等方式,将预警信息和故障诊断结果实时反馈给电梯管理人员,提高电梯的安全性和服务质量。

通过采用智能化的预警和故障诊断技术,可以实现对电梯的自动识别和对电梯故障的预警,提高电梯安全管理平台的准确性。

(3)智能化的维护保养管理

电梯安全管理平台将会更多地采用智能化的维护保养管理方式,如基于大数据的维护保养计划优化、远程维修等。通过对电梯运行数据的分析和挖掘,可以优化电梯的维护保养计划,并提供相应的维修方案,以提高维护保养的效率和质量。

基于大数据的维护保养计划优化是一种可行的方案。该方案利用大数据技术和机器学习算法等先进技术,对电梯运行数据进行深度分析和挖掘,提取出关键特征和异常情况,从而实现对电梯的全面监测和预测。通过对电梯运行数据的分析和挖掘,可以了解电梯的维护保养需求,包括维护保养周期、维护保养内容等,从而优化电梯的维护保养计划,提高维护保养的效率和质量。

另一种可行的方案是采用远程维修技术。通过远程监控和维护系统,可以实现对电梯的远程监控和维护,提高维护保养的效率和质量。在电梯安全管理平台中,可以将电梯的运行数据和维护保养信息输入到远程监控和维护系统中,通过远程技术对电梯进行监控和维护。同时,可以通过移动终端和网页等方式,将维护保养计划和维修方案实时反馈给电梯管理人员,提高电梯的服务质量。

通过采用智能化的维护保养管理方式,可以实现对电梯的优化维护保养计划和远程监控维护,提高维护保养的效率和质量。

(4)云计算和物联网技术的应用

电梯安全管理平台将会更多地采用云计算和物联网技术的应用,以实现对电梯运行数据的集中存储和处理,同时也可以实现对电梯的远程监测和控制。这些技术可以实现对电梯安全状态的实时监测和预警,以及对电梯故障和事故的快速诊断和处理。

云计算和物联网技术是电梯安全管理平台的重要支撑技术之一。通过云计算技术,可以实现对电梯运行数据的集中存储和处理,实现对电梯运行状态的实时监测和分析。通过物联网技术,可以实现对电梯的远程监测和控制,及时发现电梯异常情况并进行处理。同时,云计算和物联网技术还可以实现对电梯运行数据的远程访问和共享,方便电梯管理人员对电梯进行监管。

在电梯安全管理平台中,可以利用云计算和物联网技术实现对电梯的远程监测和控制。通过将电梯的传感器和控制器等设备连接到云端,实现对电梯的远程监测和控制。在发生电梯异常情况时,可以通过移动终端和网页等方式,实现对电梯的远程控制和处理。同时,可以利用云计算技术对电梯运行数据进行集中存储和处理,实现对电梯运行状态的实时监测和分析。通过数据挖掘和机器学习等技术,可以提取出关键特征和异常情况,及时预警和处理电梯的异常情况,提高电梯的安全性和可靠性。

通过采用云计算和物联网技术的应用,可以实现对电梯的远程监测和控制,提高电梯的安全性和服务质量。未来,随着云计算和物联网技术的不断发展和应用,电梯安全管理平台的性能将会不断提升,为电梯行业的安全管理和发展提供更加有力的支持。因此,我们需要积极推广和应用这些先进技术,开发出更加完善和智能的电梯安全管理平台,建立起全面、科学、高效的电梯安全管理体系,从而提高电梯的安全性、可靠性和服务质量。

2.4 本章小结

本章主要介绍了国内外电梯安全现状和电梯安全技术发展趋势。在国内,电梯数量和使用频率呈逐年增长的趋势,但电梯安全事故频繁发生,其中故障和人为因素是主要原因,同时也存在一些法规和标准的缺陷。在国外,电梯安全事故发生率相对较低,法规和标准相对完善,但也存在一些问题,如老旧电梯更新换代不及时等。

针对以上问题,大数据技术在电梯安全中的应用趋势十分明显。电梯安全态势感知技术、智能化电梯技术和电梯安全管理平台等新兴技术也在不断发展。其中,电梯安全态势感知技术可以通过对电梯运行数据的采集、存储、处理和分析,提高电梯的安全性能和服务质量。例如,可以通过实时监测和分析电梯的运行数据,及时发现并预警电梯的异常情况,从而避免意外事故的发生。智能化电梯技术可以通过智能化的预警和故障诊断、智能化的维护保养管理等方式,提高电梯的安全性能和维护效率。例如,可以采用机器学习等技术,对电梯运行数据进行分析和挖掘,预测电梯的维修周期和维修内容,从而提前安排维修工作,并减少电梯故障的发生。电梯安全管理平台可以通过多维度数据的集成应用、智能化的预警和故障诊断、智能化的维护保养管理等方式,实现对电梯的全面监测和分析。例如,可以建立电梯安全数据中心,对电梯的运行数据、维护保养数据和安全事件数据进行集中管理和分析,实现对电梯安全管理的全面监控和管理。

综上所述,随着大数据技术和物联网技术的不断发展和应用,电梯安全技术也在不断创新和发展。未来,我们可以期待更加智能化、高效化、安全化的电梯安全体系的建立,为人民群众的生命财产安全提供更加全面、准确、可靠的保障。我们需要加强电梯安全监管,加强对电梯行业的规范管理,同时推进科技创新和应用,提高电梯安全的水平,为人民生命财产安全保驾护航。

参考文献

[1]ZHANG J L, SHANG D G, SUN Y J, et al. Multiaxial high-cycle fatigue life prediction model based on the critical plane approach considering mean stress effects[J]. International Journal of Damage Mechanics, 2018, 27 (1): 32 – 46.

[2]YANG L, LEE J. Bayesian belief network-based approach for diagnostics and prognostics of semiconductor manufacturing system[J]. Robotics and Computer Integrated Manufacturing, 2012, 28 (1): 66 – 74.

[3]ZHAO Z Q, LIANG B, WANG XQ, et al. Remaining useful life prediction of aircraft engine based on degradation pattern learning[J]. Reliability Engineering and System Safety, 2017, 164: 74 – 83.

[4]SIKORSKA J Z, HODKIEWICZ M, MA L. Prognostic modelling options for remaining useful life estimation by industry[J]. Mechanical Systems and Signal Processing, 2011,25 (5): 1803 – 1836.

[5]ABHINAV S, MONOHAR C S. Combined state and parameter identification of nonlinear structural dynamical systems based on Rao – Blackwellization and Markov chain Monte Carlo simulations [J]. Mechanical Systems and Signal Processing, 2018, 102: 364 – 381.

[6]ZHOU S D, MA Y C, LIU L. Output-only modal parameter estimator of linear time – varying structural systems based on vector TAR model and least squares support vector machine [J]. Mechanical Systems and Signal Processing, 2018, 98: 722 – 755.

[7]SANTHOSH T V, GOPIKA V, GHOSH A K, et al. An approach for reliability prediction of instrumentation & control cables by artificial neural networks and Weibull theory for probabilistic safety assessment of NPPs [J]. Reliability Engineering & System Safety, 2018, 170: 31 – 44.

[8]KONG D J, BALAKRISHNAN N , CUI L R. Two-phase degradation process model with abrupt jump at change point governed by wiener process [J]. IEEE Transactions on Reliability, 2017, 66 (4): 1345 – 1360.

[9]冯磊,王宏力,司小胜,等.基于半随机滤波-EM算法的剩余寿命在线预测[J].航空学报,2014,35: 1 – 9.

[10]BAROUD H, BARKER K. A Bayesian kernel approach to modeling resilience-based network component importance [J]. Reliability Engineering & System Safety, 2017, 170: 10 – 19.

[11]MA Y, GUO Z H, SU J J, et al. Deep learning for fault diagnosis based on multi-sourced heterogeneous data [C], Proceedings of 2014 International Conference on Power System Technology (POW-

ERCON). New York：IEEE，2014：740－745.

[12]TAMILSELVAN P，WANG P F. Failure diagnosis using deep belief learning based health state classification [J]. Reliability Engineering ＆ System Safety，2013，115：124－135.

[13]GAN M，WANG C，ZHU C A. Construction of hierarchical diagnosis network based on deep learning and its application in the fault pattern recognition of rolling element bearings[J]. Mech Syst Signal Proc，2016，72－73：92－104.

[14]YANG F，ZHANG Y，QIAO H Y，et al. Analysis of feature extracting ability for cutting state monitoring using deep belief networks[J]，Procedia CIRP，2015，31：29－34.

[15]CHEN Z Q，LI C，SANCHEZ R V. Gearbox fault identification and classification with convolutional neural networks[J]. Shock AND Vibrationar，2015：1－10.

[16]余永维,杜柳青,曾翠兰,等. 基于深度学习特征匹配的铸件微小缺陷自动定位方法[J].仪器仪表学报，2016，37(6)：1364－1370.

[17]CUDRE-MAUROUX P，WU E，et al. TrajStore：An adaptive storage system for very large trajectory data sets[J]. IEEE ICDE，2010：109－120.

[18]RANU S，TELANG A D，et al. Indexing and matching trajectories under inconsistent sampling rates[J]. IEEE ICDE，2015：999－1010.

[19]POPA I S，ZEITOUNI K，ORIA V，et al. Indexing in-network trajectory flows[J]. VLDB Journal，2011，20(5)：643－669.

[20]NI J，IRAVISHANKAR C V. Indexing Spatio-Temporal Trajectories with Efficient Polynomial Approximations[J]. IEEE TKDE，2007，19(5)：663－678.

[21]GUTTMAN A R. Trees：A Dynamic Index Structure for Spatial Searching[J]. Encyclopedia of GIS，1984：47－57.

[22]ALMALAWI A M，FAHAD A，TARI Z. NNVWC：An Efficient k-Nearest Nearest Neighbors Approach based on Various-Widths Clustering[J]. IEEE Transactions on Knowledge and Data Engineering，2016，28(1)：68－81.

[23]WANG H Z，ZHENG K，ZHOU X F，et al. SharkDB：An In-Memory Storage System for Massive Trajectory Data[C]. Melbouren：ACM SIGMOD,2015.

[24]LEAL E，GRUENWALD L，ZHANG J ,et al. TKSimGPU：A parallel top-K trajectory similarity query processing algorithm for GPGPUs[J]. IEEE BIGDATA，2015：461－469.

[25]LIANG F，XIE W H，YU Y. Beating Heart Motion Accurate Prediction Method Based on Interactive Multiple Model：An Information Fusion Approach[J].Biomed Research International，2017：1－9.

[26]GHASEMI Z，LEE J C，KIM C S，et al. Estimation of Cardiovascular Risk Predictors from Non-Invasively Measured Diametric Pulse Volume Waveforms via Multiple Measurement Information Fusion[J]. Scientific Reports，2018(8)：1－11.

[27]ZHANG W G，CHEN T L，LI G R，PANG J B，HUANG Q M，GAO W. Fusing Cross Media for Topic Detection by Dense Keyword Groups[J]. Neurocomputing，2015，169：169－179.

[28]ZANG C K, ZHENG H C, LAI J H. Dual-codebook Learning and Hierarchical Transfer for Cross-view Action Recognition[J]. Journal of Electronic Imaging,2018,27(4):1 - 20.

[29]XU W H, YU J H. A Novel Approach to Information Fusion in Multi-source Datasets: A Granular Computing Viewpoint [J]. Information Sciences, 2017(378): 410 - 423.

[30]SAADI I, FAROOQ B, MUSTAFA A, et al. An Efficient Hierarchical Model for Multi-source Information Fusion[J]. Expert Systems with Applications, 2018, 110(2018): 352 - 362.

[31]XU W H, LI M M, WANG X Z. Information Fusion Based on Information Entropy in Fuzzy Multi-source Incomplete Information System[J]. International Journal of Fuzzy Systems, 2017, 19(4): 1200 - 1216.

[32]LI M M, ZHANG X Y. Information Fusion in a Multi-Source Incomplete Information System Based on Information Entropy[J]. Entropy, 2017, 19(11): 1 - 17.

[33]DABROWSKI J J, DE VILLIERS J P, BEYERS C. Naive Bayes Switching Linear Dynamical System: A Model for Dynamic System Modelling, Classification, and Information Fusion[J]. Information Fusion, 2018(42): 75 - 101.

[34]GAO D H, WU X L, SHI G M, ZHANG L. Color Demosaicking with an Image Formation Model and Adaptive PCA[J]. Journal of Visual Communication and Image Representation. 2012,23 (7): 1019 - 1030.

[35]CAO Z, SIMAO T, WEI S E, et al. Realtime Multi-person 2D Pose Estimation Using Part Affinity Fields: IEEE Conference on Computer Vision & Pattern Recognition[C]. New York: IEEE, 2017: 1302 - 1310.

[36]LI P X, CHEN B Y, OUYANG W L, et al. GradNet: Gradient-guided Network for Visual Object Tracking[C]//IEEE/CVF International Conference on Computer Vision. New York: IEEE, 2019.

[37]DONOHO D L. Compressed sensing[J]. IEEE Transactions on Information Theory, 2006, 52(4): 1289 - 1306.

[38]赵仲秋,季海峰,高隽,等. 基于稀疏编码多尺度空间潜在语义分析的图像分类[J]. 计算机学报, 2014, 37(6): 1251 - 1260.

[39]XIAO L, SHAO W Z, SUN Y B. Sparse representations of images by a multi-component gabor perception dictionary[J]. Acta Automatica Sinica, 2008, 34(11): 1379 - 1387.

[40]CANDÈS E J. The Restricted Isometry Property and Its Implications for Compressed Sensing[J]. Comptes Rendus Mathematique, 2008, 346(9): 589 - 592.

[41]BARANIUK R, DAVENPORT, DEVORE R, et al. A Simple Proof of the Restricted Isometry Property for Random Matrices[J]. Constructive Approximation, 2008, 28(3): 253 - 263.

[42]CANDES E J, ROMBERG J, TAO T. Robust Uncertainty Principles: Exact Signal Reconstruction from Highly Incomplete Frequency Information[J]. IEEE Transactions on Information Theory, 2006, 52(2): 489 - 509.

[43] KANKANALA S, SAURAV G, PULI K K. Performance Comparison of Reconstruction

Algorithms in Compressive Sensing Based Single Snapshot DOA Estimation[J]. IETE Journal of Research，2020(7)：1 – 9.

[44]DONOHO D L，TSAIG Y，DRORI I，et al. Sparse Solution of Underdetermined Systems of Linear Equations by Stagewise Orthogonal Matching Pursuit[J]. IEEE Transactions on Information Theory，2012，58(2)：1094 – 1121.

[45]ZAYYZNI H，BABAIE-ZADEH M，Jutten C. Bayesian Pursuit Algorithm for Sparse Representation[C]//IEEE International Conference on Acoustics，Speech and Signal Processing. New York：IEEE，2009：1549 – 1552.

[46]VIDYA L，VIVEKANAND V，SHYAMKUMAR U，MISHRA D. RBF-network Based Sparse Signal Recovery Algorithm for Compressed Sensing Reconstruction[J]. Neural Networks，2015，63(C)：66 – 78.

[47]LI Y M. Signal Reconstruction of Compressed Sensing Based on Recurrent Neural Networks[J]. Optik-International Journal for Light and Electron Optics，2016，127(10)：4473 – 4477.

[48]HÄMÄLÄINEN W，NYKÄNEN M. Efficient Discovery of Statistically Significant Association Rules [C]// Data Mining Eighth IEEE International Conference on. New York：IEEE，2008：203 – 212.

[49]KUETTEL D，BREITENSTEIN M D，VAN G L，et al. What's Going on Discovering Spatio – temporal Dependencies in Dynamic Scenes[C]// Computer Vision and Pattern Recognition. New York：IEEE，2010：1951 – 1958.

[50]AMRAEE S，VAFAEI A，JAMSHIDI K，et al. Anomaly Detection and Localization in Crowded Scenes Using Connected Component Analysis[J]. Multimedia Tools and Applications，2018，77(12)：14767 – 14782.

[51]周培培，丁庆海，罗海波，等. 视频监控中的人群异常行为检测与定位[J]. 光学学报，2018，38(8)：9.

[52]赵海勇，刘志镜，张浩，等. 基于模板匹配的人体日常行为识别[J]. 湖南大学学报（自科版），2011，38(2)：88 – 92.

[53]DAVIS J W，BOBICK A F. The Representation and Recognition of Human Movement Using Temporal Templates[C]// Proceedings of IEEE Computer Society Conference on Computer Vision and Pattern Recognition. New York：IEEE，1997：928 – 934.

[54]WEINLAND D，BOYER E，RONFARD R. Action Recognition from Arbitrary Views Using 3d Exemplars[C]// 2007 IEEE 11th International Conference on Computer Vision. New York：IEEE，2007：1 – 7.

[55]汤一平，陆海峰. 基于计算机视觉的电梯内防暴力智能视频监控[J]. 浙江工业大学学报，2009(06)：5 – 11.

[56]ZHU Y，WANG Z. Real-Time Abnormal Behavior Detection in Elevator[C]// Intelligent Visual Surveillance. Singapore：Springer，2016.

[57]马志伟. 基于视频的电梯轿厢内乘客异常行为检测研究[D]. 南京：东南大学，2019.

[58]QI Y. Surveillance of Abnormal Behavior in Elevators Based on Edge Computing[C]//International Conference on Image and Video Processing, and Artificial Intelligence. 2019. DOI：10. 1117/ 12. 2541397.

[59]张福生,葛阳,沈长青,丁建新,冯云.面向电梯本体安全的多源传感数据GNG网络融合建模方法 [J].中国电梯,2022,33(24):16－19.

第3章

电梯态势感知关键技术

早在 20 世纪 80 年代,美国空军就提出了态势感知(situation awareness,SA)的概念,覆盖感知(感觉)、理解和预测三个层次。20 世纪 90 年代,态势感知的概念开始逐渐被接受,并随着网络的兴起而升级为"网络态势感知"(cyberspace situation awareness,CSA),是指在大规模网络环境中对能够引起网络态势发生变化的安全要素进行获取、理解、显示以及最近发展趋势的顺延性预测,而最终的目的是要进行决策与行动。

3.1 大数据技术在电梯安全中的应用

3.1.1 大数据技术在电梯安全中的应用现状分析

随着大数据技术的快速发展,其在电梯安全领域的应用也越来越广泛。大数据技术可以通过对电梯运行数据的采集、存储、处理和分析,实现对电梯的实时监测、预警和故障诊断等功能,从而提高电梯的安全性能和服务质量。

(1)电梯运行数据的采集和存储

在电梯安全领域,大数据技术可以通过传感器、监控设备等手段,对电梯运行数据进行实时采集,并将数据存储在云端数据库中。如表 3.1 所示,这些数据包括电梯的运行速度、运行时间、停留时间、负载情况、温度和湿度等指标,可以为后续的数据分析和挖掘提供基础数据。通过对这些数据的深入分析,可以发现电梯运行的规律和异常情况,从而实现对电梯安全状态的监测和预警。同时,也可以通过对电梯运行数据的分析,优化电梯的维护保养计划,提高维修效率和质量。

表 3.1　电梯运行数据采集表

数据指标	含义
运行速度	电梯运行的速度,单位为 m/s
运行时间	电梯从一层到目标层的运行时间,单位为 s
停留时间	电梯在某一层停留的时间,单位为 s
负载情况	电梯内部的人数或物品的重量
温度和湿度	电梯内部的温度和湿度,单位为摄氏度和相对湿度百分比

传感器是实现电梯运行数据采集的重要设备之一。目前,市场上已经出现了多种类型的电梯传感器,如电梯速度传感器、电梯倾斜传感器、电梯温度传感器等。这些传感器可以将电梯运行过程中的各种指标实时采集,并通过无线网络等方式将数据传输到云端数据库中。

同时,监控设备也是电梯运行数据采集的重要手段之一。例如,摄像头可以对电梯内外的情况进行实时监控,从而发现电梯运行过程中的异常情况。另外,还可以通过安装智能门禁系统等手段,对电梯的进出情况进行监控和记录,为后续的数据分析提供支持。

电梯运行数据的存储也是大数据技术在电梯安全领域的重要应用之一。云端数据库可以实现对电梯运行数据的长期存储和备份,同时也可以实现对数据的安全管理和权限控制。这些数据可以为后续的数据分析和挖掘提供基础数据支撑,为电梯安全状态的监测和预警提供数据支持,并为优化电梯的维护保养计划提供参考依据。

(2)电梯运行数据的处理和分析

大数据技术可以通过数据挖掘、机器学习等手段,对电梯运行数据进行处理和分析。通过对电梯运行数据的深度分析,可以发现电梯运行的规律和异常情况,从而实现对电梯安全状态的监测和预警。例如,可以通过对电梯运行速度的分析,发现电梯在高峰期的拥堵情况,从而及时采取措施,避免意外事故的发生。同时,还可以通过对电梯负载情况的分析,发现电梯的负载率是否过高,以及是否存在超载的情况,为电梯的安全运行提供保障。

另外,大数据技术还可以通过对电梯运行数据的分析,优化电梯的维护保养计划,提高维修效率和质量。例如,可以通过对电梯故障类型和发生频率的分析,制定更加科学合理的维修计划,提高维修效率和质量。同时,还可以通过对电梯运行数据的分析,发现电梯的潜在故障点,及时进行维护和更换,避免故障的发生。

机器学习是大数据技术中的重要手段之一。通过机器学习算法的训练和优化,可以实现对电梯运行数据的智能分析和挖掘。例如,可以通过机器学习算法,对电梯运行数据进行分类,发现电梯故障的规律和特点,从而提高故障诊断和排除的效率和准确性。

(3)电梯安全态势感知技术的应用

大数据技术可以为电梯安全态势感知技术的应用提供数据支撑。电梯安全态势感知技术是指通过对电梯运行数据的实时监测和分析,实现对电梯安全状态的自动识别和预警。大数据技术可以为电梯安全态势感知技术的实现提供实时数据支撑和分析方法。

电梯安全态势感知技术的实现需要实时采集和处理电梯运行数据,并通过数据挖掘、机器学习等方法,对数据进行分析和挖掘,发现电梯的运行规律和异常情况。这样可以实现对电梯安全状态的自动识别和预警,及时采取措施,避免意外事故的发生。

大数据技术可以为电梯安全态势感知技术的实现提供实时数据支撑。通过传感器、监控设备等手段,实时采集电梯运行数据,并将数据存储在云端数据库中。这些数据可以为后续的数据分析和挖掘提供实时支撑和参考依据,为电梯安全态势感知技术的实现提供数据基础。

同时,大数据技术还可以为电梯运行数据的分析提供方法和技术支持。例如,可以通过机器学习算法,对电梯运行数据进行分类,发现电梯故障的规律和特点,从而实现对电梯安全状态的自动识别和预警。另外,还可以通过数据挖掘技术,发现电梯运行过程中的异常情况,及时采取措施,避免意外事故的发生。

(4)智能化电梯技术的应用

大数据技术可以为智能化电梯技术的应用提供数据支撑。智能化电梯技术是指通过智能化的预警和故障诊断、智能化的维护保养管理等方式,提高电梯的安全性能和维护效率。大数据技术可以为智能化电梯技术的实现提供数据分析和挖掘的方法和技术。

智能化电梯技术的实现需要通过对电梯运行数据的分析和挖掘,发现电梯的运行规律和异常情况,从而实现电梯的智能化预警和故障诊断。同时,还需要通过对电梯维护保养数据的分析和挖掘,优化电梯的维护保养计划,提高维修效率和质量。

大数据技术可以为智能化电梯技术的实现提供数据分析和挖掘的方法和技术。例如,可以通过机器学习算法,对电梯运行数据进行分类,发现电梯故障的规律和特点,从而实现电梯的智能化预警和故障诊断。同时,还可以通过对电梯维护保养数据的分析和挖掘,制订更加科学合理的维护保养计划,提高维修效率和质量。

另外,大数据技术还可以为智能化电梯技术的应用提供数据可视化和智能化报警等功能。通过数据可视化技术,可以将电梯运行数据以图表、曲线等形式展示出来,便于用户进行数据分析和挖掘。同时,通过智能化报警功能,可以实现对电梯故障和异常情况的自动识别和预警,及时采取措施,避免意外事故的发生。

3.1.2 大数据技术在电梯安全中的应用前景展望

大数据技术作为当前信息时代的重要支撑,对于电梯安全领域也具有广泛的应用前景。通过对电梯运行数据的深度分析和挖掘,可以实现对电梯安全状态的自动识别和预警,优化电梯的维护保养计划,提高维修效率和质量。下面从三个方面对大数据技术在电梯安全中的应用前景进行展望。

首先,在电梯安全监测和预警方面,大数据技术可以实现对电梯运行数据的实时监测和分析,发现电梯的运行规律和异常情况,从而及时采取措施,避免意外事故的发生。在实时监测方面,需要采用合适的传感器和设备,实时采集电梯的运行数据,并将数据存储在云端数据库中。运用实时采集和存储的电梯数据,可以实现对电梯运行状态的实时监测和分析。

在异常情况发现方面,需要建立合适的评估模型,并结合大数据分析技术,对采集到的电梯数据进行处理和分析。如果模型检测到电梯出现异常情况,会自动生成预警信号,并发送给维护人员,以提醒其进行处理。如果电梯出现严重安全问题,系统还会自动触发报警服务,以通知相关部门进行处理。在预防措施方面,需要采用合适的预防措施,以避免意外事故的发生。例如,可以采用机器学习等技术,对电梯运行数据进行分析和挖掘,预测电梯的运行状态和故障概率,从而提前采取措施,避免意外事故的发生。

例如,可以通过对电梯运行速度、负载情况等数据的分析,发现电梯在高峰期的拥堵情况和超载情况,及时采取措施,避免电梯故障和意外事故的发生。同时,还可以通过对电梯运行数据的分析,发现电梯的潜在故障点,及时进行维护和更换,避免故障的发生。

其次,在电梯维护保养方面,大数据技术可以通过对电梯维护保养数据的分析和挖掘,制订更加科学合理的维护保养计划,提高维修效率和质量。在数据分析方面,需要采用合适的大数据分析技术,对采集到的电梯维护保养数据进行分析和挖掘。通过分析和挖掘,可以得出电梯的维护保养情况、故障类型、故障原因、维修历史等信息,为制订维护保养计划提供依据。在维护保养计划制订方面,需要考虑电梯的实际使用情况和维修历史,以制订更加科学合理的维护保养计划。例如,可以根据电梯的运行时间、负载等信息,预测电梯的维修周期和维修内容,以便提前安排维修工作,并减少电梯故障的发生。在维修效率和质量方面,需要采用合适的维修工具和设备,以提高维修效率和质量。同时,还需要建立完善的维修管理体系,对维修工作进行全面管理和监控,以确保维修效率和质量的提高。

例如,可以通过对电梯故障类型和发生频率的分析,制订针对性的维修计划,优化维修流程,提高维修效率和质量。同时,还可以通过对电梯维护保养数据的分析,预测电梯部件的寿命和维护周期,实现对电梯的精准维护和保养,延长电梯的使用寿命。

最后,在电梯安全管理方面,大数据技术可以为电梯安全管理提供更加智能化、高效化的解决方案。在电梯安全态势感知方面,大数据技术可以实现对电梯运行数据的实时监测和分析,发现电梯的运行规律和异常情况,从而及时采取措施,避免意外事故的发生。在电梯安全风险评估方面,大数据技术可以采用机器学习等技术,对电梯运行数据进行分析和挖掘,预测电梯的运行状态和故障概率,从而提前采取措施,避免意外事故的发生。此外,还可以基于历史数据和统计模型,对电梯安全进行风险评估,制定相应的安全管理策略和措施。而在电梯安全管理体系建设方面,大数据技术可以为电梯安全管理提供更加智能化、高效化的解决方案。例如,可以建立电梯安全数据中心,对电梯运行数据、维护保养数据和安全事件数据进行集中管理和分析,以实现对电梯安全管理的全面监控。同时,还可以采用人工智能等技术,自动识别电梯安全事件,并实现自动报警和处理。

例如,可以通过大数据技术实现对电梯运行数据的可视化和智能化报警功能,实现对电梯故障和异常情况的自动识别和预警,及时采取措施,避免意外事故的发生。同时,还可以通过对电梯运行数据的分析,发现电梯的问题,提出改进建议,实现对电梯安全管理的优化和升级。

3.1.3 大数据技术在电梯安全中的应用案例介绍

大数据技术在电梯安全领域的应用已经取得了一定的成果和应用效果。本节将针对国内外一些典型案例,介绍大数据技术在电梯安全中的应用情况。

3.1.3.1 案例一

"Otis ONE"是通用电梯公司利用大数据技术开发的一款电梯运行监测系统。该系统采用传感器、监测设备等手段,实时采集电梯运行数据,并将数据存储在云端数据库中。通过对数据的分析和挖掘,可以实现对电梯运行状态的自动识别和预警,及时采取措施,避免意外事故的发生。案例如表3.2所示。

表 3.2 案例表

项 目	内 容
系统名称	Otis ONE
公司名称	通用电梯公司
技术手段	传感器、监测设备等
数据采集	对电梯运行数据进行实时采集,并将数据存储在云端数据库中
功能特点	自动识别电梯运行状态,实现对电梯安全状态的监测和预警
应用效果	可以及时采取措施,避免意外事故的发生

具体来说,"Otis ONE"系统可以实现以下功能:

①实时监测电梯运行状态:系统通过传感器和监测设备,实时采集电梯运行数据,包括电梯速度、负载、运行时间等信息。

②数据存储与分析:系统将采集到的电梯运行数据存储在云端数据库中,并通过大数据分析技术对数据进行分析和挖掘。

③自动识别和预警:系统通过对电梯运行数据的分析,可以自动识别电梯的运行规律和异常情况,并及时向维修人员发送警报,指导维修人员进行维修。

④维护保养计划优化:系统通过对电梯运行数据的分析,可以制订更加科学合理的维护保养计划,提高维修效率和质量。

"Otis ONE"系统目前已经在全球范围内安装了超过 30 万台电梯,得到了广泛的应用和推广。该系统的应用效果也得到了用户的认可和好评。例如,在纽约市的一座大型商业综合体中,该系统成功预测了一台电梯的故障,及时通知了维修人员进行维修,避免了意外事故的发生。

3.1.3.2 案例二

"e-Valuator"是日本东芝公司利用大数据技术开发的一款电梯故障诊断系统。该系统通过对电梯运行数据的分析和挖掘,发现电梯的故障点和异常情况,并及时向维修人员发送警报,指导维修人员进行维修。

具体来说,"e-Valuator"系统可以实现以下功能:

①电梯故障自动识别:系统通过对电梯运行数据的分析,可以自动识别电梯的故障点和异常情况。

②故障预警和报警:系统可以及时向维修人员发送警报,指导维修人员进行维修,避免意外事故的发生。

③维护保养计划优化:系统可以通过对电梯运行数据的分析,制订更加科学合理的维护保养计划,提高维修效率和质量。

目前已经有超过10万台电梯安装了"e-Valuator"系统。该系统的应用效果也得到了用户的认可和好评。例如,在日本东京都内的一座写字楼中,该系统成功预测了一台电梯的故障,及时通知了维修人员进行维修,避免了意外事故的发生。

而国内一些电梯制造企业也开始利用大数据技术开发电梯安全监测系统,实现对电梯运行状态的实时监测和分析。

3.1.3.3 案例三

"Tian Gong"是上海三菱电梯有限公司开发的一款电梯安全监测系统。该系统可以通过对电梯运行数据的分析和挖掘,发现电梯的故障点和异常情况,提高电梯的安全性能和维护效率。

具体来说,"Tian Gong"系统可以实现以下功能。

①电梯运行数据采集:系统通过传感器等设备,实时采集电梯的运行数据,包括电梯速度、负载、运行时间等信息。

②数据存储与分析:系统将采集到的电梯运行数据存储在云端数据库中,并通过大数据分析技术对数据进行分析和挖掘。

③故障点和异常情况识别:系统通过对电梯运行数据的分析,可以自动识别电梯的故障点和异常情况。

④维护保养计划优化:系统可以通过对电梯运行数据的分析,制订更加科学合理的维护保养计划,提高维修效率和质量。

"Tian Gong"系统目前已经在国内范围内的多台电梯上进行了应用,得到了广泛的推广。该系统的应用效果也得到了用户的认可和好评。例如,在上海市某高档写字楼中,该系统成功预测了一台电梯的故障,及时通知了维修人员进行维修,避免了意外事故的发生。

此外,还有一些电梯安全管理平台也开始利用大数据技术实现对电梯运行数据的可视化和智能化报警功能,为用户提供更加智能化、高效化的电梯安全服务。

3.1.3.4 案例四

"云梯管家"是深圳市天骄科技有限公司开发的一款电梯安全管理平台。该平台可以通过大数据技术实现对电梯运行数据的实时监测和分析,提供电梯安全监测、维护保养、故障诊断等一系列服务,得到了用户的广泛认可和好评。

具体来说,"云梯管家"平台可以实现以下功能。

①电梯运行数据采集:在电梯安全态势感知系统的设计中,数据采集是非常重要的环节。平台通过传感器等设备,实时采集电梯的运行数据,包括电梯速度、负载、运行时间等信息。

在数据采集方面,需要选择合适的传感器和设备,以确保数据的准确性和可靠性。例如,可以使用加速度计、压力传感器、温度传感器等设备,对电梯的运行状态进行实时监测和采集。通过这些设备采集到的数据,可以反映电梯的实际运行情况,为评估模型的建立和优化提供有效的支持。还需要考虑数据的存储和处理。由于电梯系统产生的数据量很大,需要采用合适的数据库和存储设备,以便对数据进行存储和管理。同时,还需要对采集到的数据进行清洗和预处理,以消除数据中的噪声和冗余信息,提高数据的质量和可用性。

②数据存储与分析:在电梯安全态势感知系统的设计中,数据存储和分析是非常重要的环节。平台将采集到的电梯运行数据存储在云端数据库中,并通过大数据分析技术对数据进行分析和挖掘。

在数据存储方面,需要选择合适的云端数据库和存储设备,以确保数据的安全性和可靠性。同时,还需要考虑数据的备份和恢复,以应对数据丢失或损坏的情况。

在数据分析方面,需要采用合适的大数据分析技术,如数据挖掘、机器学习等技术,对数据进行分析和挖掘。通过这些技术,可以从大量的电梯运行数据中提取出有用的信息,如电梯故障类型、故障原因、运行状态等信息,以支持评估模型的建立和优化。还需要考虑数据可视化和报告生成。通过数据可视化技术,可以将分析结果以图表等形式进行展示,以便用户快速了解数据分析结果。同时,还可以根据实际需求生成相应的报告,以支持决策和管理。

③电梯安全监测:在电梯安全态势感知系统的设计中,实时监测和分析电梯运行状态是非常重要的环节。平台可以实现对电梯运行状态的实时监测和分析,及时发现电梯的异常情况,提供预警和报警服务。

在实时监测方面,需要采用合适的传感器和设备,实时采集电梯的运行数据,并将数据存储在云端数据库中。通过实时采集和存储的电梯数据,可以实现对电梯运行状态的实时监测和分析。

在异常情况发现方面,需要建立合适的评估模型,并结合大数据分析技术,对采集到的电梯数据进行处理和分析。如果模型检测到电梯出现异常情况,会自动生成预警信号,并发送给维护人员,以提醒其进行处理。如果电梯出现严重安全问题,系统还会自动触发报警服务,以通知相关部门进行处理。

在预警和报警服务方面,需要根据实际情况进行设置和调整。例如,可以设置预警和报警的级别和内容,以便维护人员和相关部门快速了解电梯的安全状态并采取相应的措施。

④维护保养计划优化:在电梯安全态势感知系统的设计中,制订科学合理的维护保养计划是非常重要的环节。平台可以通过对电梯运行数据的分析,制订更加科学合理的维护保养计划,提高维修效率和质量。电梯的保养维护如图3.1所示。

图3.1 电梯的保养维护

在数据分析方面,需要采用合适的大数据分析技术,对采集到的电梯运行数据进行分析和挖掘。通过分析和挖掘,可以得出电梯的故障类型、故障原因、维修历史等信息,为制订维护保养计划提供依据。

在维护保养计划制订方面,需要考虑电梯的实际使用情况和维修历史,以制订更加科学合理的维护保养计划。例如,可以根据电梯的运行时间、负载等信息,预测电梯的维修周期和维修内容,以便提前安排维修工作,并减少电梯故障的发生。

通过采用合适的维修工具和设备,建立完善的维修管理体系,对维修工作进行全面管理和监控,确保维修效率和质量的提高。

⑤故障诊断和维修服务:在电梯安全态势感知系统的设计中,自动诊断电梯的故障

点和异常情况,并提供维修服务是非常重要的环节。平台可以通过对电梯运行数据的分析,自动诊断电梯的故障点和异常情况,并提供维修服务。

在数据分析方面,需要采用合适的大数据分析技术,对采集到的电梯运行数据进行分析和挖掘。通过分析和挖掘,可以得出电梯的故障类型、故障原因、维修历史等信息,为自动诊断电梯故障提供依据。

在自动诊断方面,需要建立合适的评估模型,并结合大数据分析技术,对采集到的电梯数据进行处理和分析。如果模型检测到电梯出现异常情况,会自动生成预警信号,并发送给维护人员,以提醒维护人员进行处理。如果电梯出现严重安全问题,系统还会自动触发报警服务,并提供维修服务。

在维修服务方面,需要根据实际情况进行设置和调整。例如,可以设置维修服务的级别和内容,以便维护人员快速了解电梯的故障点和异常情况,并采取相应的措施。同时,还需要建立完善的维修管理体系,对维修工作进行全面管理和监控,以确保维修效率和质量的提高。

"云梯管家"平台目前已经在国内应用于多台电梯之上,得到了广泛的推广。该平台的应用效果也得到了用户的认可和好评。例如,在深圳市某高档住宅小区中,该平台成功预测了一台电梯的故障,及时通知了维修人员进行维修,避免了意外事故的发生。

3.2 电梯安全态势感知关键技术介绍

3.2.1 电梯传感器种类及原理介绍

随着大数据技术的发展,电梯运行数据的采集和分析已经成为电梯安全监测和维护保养的重要手段。而电梯传感器作为电梯运行数据采集的核心设备,对于实现电梯运行态势感知技术至关重要。本节将对电梯传感器的种类及原理进行详细介绍。

(1)速度传感器

电梯的速度是其运行状态的重要指标之一,因此准确测量电梯的速度是实现电梯安全监测和维护保养的关键步骤。速度传感器主要通过测量电梯轿厢在轨道上的位置变化来计算电梯的速度。其工作可能涉及霍尔效应或者光电效应等技术。这些技术具有精度高、响应速度快等优点,能够满足电梯运行状态监测的需求。

在具体应用中,速度传感器通常被安装在电梯轿厢或者升降机构上,通过与轨道上的磁铁或者光电门等设备进行配合,实现对电梯速度的测量。当电梯运行时,速度传感器会不断地采集电梯轿厢位置的变化,并将数据传输给数据采集系统。数据采集系统会对这些数据进行处理和分析,计算出电梯的速度,并提供给后续的数据处理和决策。

(2)负载传感器

负载传感器主要用于测量电梯轿厢内的载荷重量,电梯的载荷重量是其运行状态的重要指标之一,因此准确测量电梯的载荷重量是实现电梯安全监测和维护保养的关键步骤。负载传感器主要通过测量电梯升降机构的伸缩长度来计算载荷重量。其工作可能涉及应变片、电容传感器等技术。这些技术具有精度高、可靠性好等优点,能够满足电梯运行状态监测的需求。

在具体应用中,负载传感器通常被安装在电梯轿厢或者升降机构上,通过与电梯升降机构的连接杆进行配合,实现对电梯载荷重量的测量。当电梯运行时,负载传感器会不断地采集电梯升降机构的伸缩长度,并将数据传输给数据采集系统。数据采集系统会对这些数据进行处理和分析,计算出电梯的载荷重量,并提供给后续的数据处理和决策。

(3)位置传感器

位置传感器的主要功能是测量电梯轿厢在轨道上的位置。电梯轿厢的位置是电梯运行状态的重要指标之一,因此准确测量电梯的位置是实现电梯安全监测和维护保养的关键步骤。位置传感器通常可以通过测量电梯升降机构的伸缩长度来计算轿厢位置。其工作可以通过霍尔效应、光电效应等技术实现。这些技术具有精度高、响应速度快等优点,能够满足电梯运行状态监测的需求。

在具体应用中,位置传感器通常被安装在电梯轿厢或者升降机构上,通过与轨道上的磁铁或者光电门等设备进行配合,实现对电梯轿厢位置的测量。当电梯运行时,位置传感器会不断地采集电梯升降机构的伸缩长度,并将数据传输给数据采集系统。数据采集系统会对这些数据进行处理和分析,计算出电梯轿厢的位置,并提供给后续的数据处理和决策。

(4)温度传感器

温度传感器的主要功能是测量电梯轿厢内外的温度。电梯环境温度是影响电梯运行状态和乘客舒适度的重要因素之一,因此准确监测电梯环境温度是实现电梯安全监测和维护保养的关键步骤。温度传感器可以通过测量热敏电阻、热电偶等技术原理进行温度测量。这些技术具有精度高、可靠性好等优点,能够满足电梯环境温度监测的需求。如图3.2所示即温度传感器。

图 3.2　温度传感器

在具体应用中,温度传感器通常被安装在电梯轿厢内外,通过与数据采集系统进行连接,实时监测电梯环境温度。当电梯运行时,温度传感器会不断地采集电梯环境的温度,并将数据传输给数据采集系统。数据采集系统会对这些数据进行处理和分析,及时发现电梯环境温度的异常情况,并提供后续的数据处理结果和决策。

(5)湿度传感器

湿度传感器的主要功能是测量电梯轿厢内外的湿度,电梯环境湿度是影响电梯运行状态和乘客舒适度的重要因素之一,因此准确监测电梯环境湿度是实现电梯安全监测和维护保养的关键步骤。湿度传感器可以通过测量电容、电阻等技术实现对湿度的测量。这些技术具有精度高、可靠性好等优点,能够满足电梯环境湿度监测的需求。

在具体应用中,湿度传感器通常被安装在电梯轿厢内外,通过与数据采集系统进行连接,实时监测电梯环境湿度。当电梯运行时,湿度传感器会不断地采集电梯环境的湿度,并将数据传输给数据采集系统。数据采集系统会对这些数据进行处理和分析,及时发现电梯环境湿度的异常情况,并提供给后续的数据处理和决策。

3.2.2 电梯传感器数据采集、存储和处理技术

电梯传感器是实现电梯运行态势感知的重要设备之一,通过采集电梯运行状态的关键参数数据,为后续的数据处理和决策提供有力支撑。本节将详细介绍电梯传感器数据采集、存储和处理技术的具体内容。

(1)电梯传感器数据采集技术

电梯传感器数据采集技术是实现电梯运行态势感知的关键环节之一,其重要性不言而喻。为了保证数据采集的精度和可靠性,需要采用先进的技术手段来进行数据采集。

首先,对于不同类型的电梯传感器,需要选择合适的数据采集方式。例如,负载传感器和位置传感器可以采用模拟信号采集方式,而温度传感器和湿度传感器则可以采用数字信号采集方式。通过选择合适的采集方式,可以有效提高数据采集的精度和可靠性。

其次,需要选择合适的采样频率和采样精度。采样频率和采样精度直接影响到采集到的数据的分辨率和时间精度。因此,需要根据具体的应用场景和数据需求来选择合适的采样频率和采样精度,以保证采集到的数据具有足够的分辨率和时间精度。

最后,需要考虑数据传输和存储的安全性和可靠性。在数据传输方面,需要采用合适的通信协议和数据传输方式,以保证数据传输的安全性和可靠性;在数据存储方面,需要选择合适的数据存储方式和存储设备,以满足数据存储的安全性、可靠性和容量需求。

(2)电梯传感器数据存储技术

电梯传感器数据存储技术是保证电梯运行态势感知数据可持续获取和利用的关键环节之一。为了满足数据存储的安全性、可靠性和容量需求,需要采用合适的数据存储方式和存储设备。

首先,需要选择合适的数据存储方式。常见的数据存储方式包括关系型数据库、非关系型数据库和分布式文件系统等。关系型数据库适用于结构化数据的存储和管理,能够提供丰富的查询和分析功能;非关系型数据库则适用于半结构化和非结构化数据的存储和管理,具有高可扩展性和高可用性;分布式文件系统则适用于大规模数据的存储和管理,具有高容错性和高性能的特点。在选择数据存储方式时,需要根据数据类型、数据

量和数据访问的需求来进行选择。

其次,需要选择合适的存储设备。存储设备的选择直接影响到数据存储的速度和可靠性。常见的存储设备包括SSD和HDD等。SSD具有读写速度快、耐用性好等优点,适用于对读写速度有较高要求的场景,其实体如图3.3所示;而HDD则具有存储容量大、成本低等优点,适用于对存储容量有较高要求的场景。在选择存储设备时,需要根据数据量和访问速度需求进行选择。

最后,需要考虑数据备份和恢复的策略,以保证数据安全性和可靠性。数据备份和恢复是保证数据存储的重要手段之一,可以避免数据丢失和损坏的风险。在制定数据备

图 3.3　SSD 存储卡

份和恢复策略时,需要考虑备份周期、备份方式和备份存储位置等因素,以保证备份数据的安全性和可靠性。

(3)电梯传感器数据处理技术

电梯传感器数据处理技术是实现电梯运行态势感知的核心环节之一,它能够将采集到的原始数据进行处理和分析,提取有用的信息,并为后续的数据决策提供支持。为了实现电梯运行态势感知的目标,需要采用一系列先进的数据处理技术。

首先,需要对采集到的原始数据进行清洗和去噪处理。电梯传感器数据可能存在各种噪声和异常值,这些干扰因素会影响数据的准确性和可靠性。因此,需要采用合适的数据清洗和去噪方法,消除数据中的错误和异常值。

其次,需要进行数据预处理和特征提取。在数据预处理阶段,需要对清洗后的数据进行格式化和归一化处理,以便于后续的数据建模和分析。在特征提取阶段,需要将原始数据转化为可用的特征向量,以便于机器学习和深度学习等技术的应用。通过数据预处理和特征提取,可以更加有效地利用采集到的数据,提高数据的利用价值。

最后,需要采用机器学习、深度学习等技术对数据进行建模和分析,实现电梯运行态势感知的目的。机器学习和深度学习等技术具有强大的数据建模和分析能力,能够从数据中挖掘出隐含的规律和特征,为后续的数据决策提供支持。通过采用这些技术,可以更加准确地预测电梯的运行状态、故障风险等关键指标,为电梯运营管理提供重要参考。

3.2.3　电梯运行状态感知方法

电梯运行状态感知是基于大数据的电梯运行态势感知技术研究中的一个重要环节,它能够实时监测电梯的运行状态、故障风险等关键指标,为电梯运营管理提供有力支持。

本节将介绍几种常见的电梯运行状态感知方法。

（1）基于规则的方法

该方法通过建立一系列规则来判断电梯的运行状态和故障风险，具有简单、可靠的优点。然而，这种方法需要大量的人工经验和专业知识来制定规则，并且对于复杂的电梯系统来说，规则的制定非常困难。

在实际应用中，基于规则的方法主要用于电梯系统中的简单问题的故障诊断，如电梯门关不上等问题。对于复杂的电梯系统来说，由于涉及众多的参数和变量，规则的制定变得非常困难。此外，由于电梯系统的运行状态和故障风险是动态变化的，因此基于规则的方法的实时性和准确性也存在一定的局限性。

为了克服基于规则的方法的这些局限性，近年来出现了基于大数据技术的电梯故障诊断和预警方法。该方法通过对电梯运行数据的采集、存储、处理和分析，实现对电梯运行状态和故障风险的实时监测和预警。相比于基于规则的方法，基于大数据技术的方法具有更高的自适应性和灵活性，并且可以实现对复杂电梯系统的故障诊断和预警。

（2）基于统计学的方法

该方法通过对历史数据进行统计分析，建立概率模型来预测电梯的运行状态和故障风险，具有较高的准确性和实时性。

在实际应用中，基于统计学的方法主要用于电梯系统的长期运行状态和故障风险的预测。该方法需要大量的历史数据来建立模型，并且对于电梯系统的变化比较敏感，需要不断地进行调整和优化。但是，一旦建立了合适的模型，基于统计学的方法可以实现对电梯运行状态和故障风险的实时监测和预警，为电梯维护保养提供重要的决策支持。

与基于规则的方法相比，基于统计学的方法具有更高的自适应性和灵活性，可以对复杂的电梯系统进行有效的故障诊断和预警。同时，基于统计学的方法也可以为其他电梯安全技术的应用提供基础数据支撑，如电梯安全态势感知技术、智能化电梯技术等。

然而，基于统计学的方法也存在一些局限性。首先，该方法需要大量的历史数据来建立模型，因此对于新的电梯系统或者数据量较少的电梯系统来说，建模比较困难。其次，由于电梯系统的运行状态和故障风险是动态变化的，因此模型需要不断地进行调整和优化，才能保持准确性和实时性。

（3）基于机器学习的方法

该方法通过对大量的电梯数据进行训练，建立机器学习模型来预测电梯的运行状态和故障风险，具有较高的准确性和实时性。相比于传统的基于规则和统计学的方法，基于机器学习的方法能够自动提取特征和优化模型，避免了人工制定规则和调整模型的烦琐过程。

在实际应用中，基于机器学习的方法可以实现对复杂的电梯系统进行有效的故障诊断和预警。该方法需要大量的训练数据和计算资源来建立和优化模型,而一旦建立了合适的模型,就可以实现对电梯运行状态和故障风险的实时监测和预警,为电梯维护保养提供重要的决策支持。

与传统的方法相比,基于机器学习的方法具有更高的自适应性和灵活性。通过不断地训练和优化模型,可以实现对电梯系统的动态变化进行有效的适应和响应。同时,基于机器学习的方法也可以为其他电梯安全技术的应用提供基础数据支撑,如电梯安全态势感知技术、智能化电梯技术等。

然而,基于机器学习的方法也存在一些局限性。首先,该方法需要大量的训练数据和计算资源来建立和优化模型,因此对于数据量较少的电梯系统来说,建模比较困难。其次,由于机器学习模型的黑盒性质,模型的解释性和可靠性也需要进一步研究和探索。

(4)基于深度学习的方法

该方法通过多层神经网络来学习和提取电梯数据中的复杂特征,进而预测电梯的运行状态和故障风险。相比于传统的基于规则和统计学的方法,基于深度学习的方法具有较高的准确性和实时性,并且能够自动学习和优化模型,避免了人工制定规则和手动调整模型的过程。

在实际应用中,基于深度学习的方法可以实现对复杂的电梯系统进行有效的故障诊断和预警。该方法需要大量的训练数据和计算资源来建立和优化模型,但一旦建立了合适的模型,就可以实现对电梯运行状态和故障风险的实时监测和预警,为电梯维护保养提供重要的决策支持。

与传统的方法相比,基于深度学习的方法具有更高的自适应性和灵活性。通过多层神经网络的学习和提取特征,可以实现对电梯系统的动态变化进行有效的适应和响应。同时,基于深度学习的方法也可以为其他电梯安全技术的应用提供基础数据支撑,如电梯安全态势感知技术、智能化电梯技术等。

然而,基于深度学习的方法也存在一些局限性。首先,该方法需要大量的训练数据和计算资源来建立和优化模型,因此对于数据量较少的电梯系统来说,建模比较困难。其次,由于深度学习模型的复杂性,模型的解释性和可靠性也需要进一步研究和探索。

3.2.4　电梯故障预警方法

电梯故障预警是电梯运行态势感知技术的重要组成部分。该方法通过对电梯数据进行分析和处理,预测电梯故障的可能性,及时发现并提醒维护人员进行处理,以避免电梯故障对人身安全和财产造成的损失。

(1)基于规则的故障预警方法

该方法通过制定一系列的规则来判断电梯是否存在故障风险,如电梯运行速度是否超过设定阈值、电梯运行次数是否达到一定限制等。当电梯满足某一规则时,就会发出故障预警信号,提醒维护人员进行处理。

基于规则的故障预警方法具有较高的可解释性和可靠性,可以帮助维护人员快速准确地发现电梯故障风险。但是该方法需要事先制定一系列的规则,并且对于复杂的电梯系统来说,制定规则比较困难。一些规则可能会受到环境因素、使用习惯等多种因素的影响,从而导致规则不够准确或者不适用于某些情况。此外,随着电梯系统的复杂化和智能化,基于规则的方法也难以满足对电梯故障预警的更高要求。

(2)基于统计学的故障预警方法

该方法通过对历史数据进行统计分析,建立概率模型来预测电梯的故障风险。当电梯的故障风险超过设定的阈值时,就会发出故障预警信号,提醒维护人员进行处理。

相比于基于规则的方法,基于统计学的方法具有更高的准确性和实时性,能够更加精准地预测电梯故障风险。但是该方法需要大量的历史数据来建立模型,并且对于电梯系统的变化比较敏感,需要不断地进行调整和优化。此外,基于统计学的方法也可能存在过拟合等问题,需要对模型进行修正或者改进。

为了克服基于规则和基于统计学的方法的局限性,近年来出现了基于机器学习和深度学习的故障预警方法。这些方法通过对大量的电梯数据进行训练,建立机器学习模型或深度学习模型来预测电梯的故障风险,具有更高的自适应性和灵活性。相比于基于统计学的方法,它们能够自动提取特征并优化模型,从而避免了人工制定规则和手动调整模型的过程。此外,基于机器学习和深度学习的方法也可以为其他电梯安全技术的应用提供基础数据支撑。

(3)基于机器学习的故障预警方法

该方法通过对大量的电梯数据进行训练,建立机器学习模型来预测电梯的故障风险。当电梯的故障风险超过设定的阈值时,就会发出故障预警信号,提醒维护人员进行处理。

相比于传统的基于规则和基于统计学的方法,基于机器学习的方法具有更高的自适应性和灵活性,可以对复杂的电梯系统进行有效的故障诊断和预警。此外,它们能够自动提取特征并优化模型,从而避免了人工制定规则和手动调整模型的过程。基于机器学习的方法也可以为其他电梯安全技术的应用提供基础数据支撑。

然而,基于机器学习的方法需要大量的训练数据和计算资源来建立和优化模型。在实际应用中,如何有效地获取和处理大量的电梯数据,以及如何设计合适的机器学习算法来预测电梯故障风险,都是需要解决的问题。此外,由于电梯系统的复杂性和多样性,基于机器学习的方法也需要不断地对模型进行调整和优化,以适应不同类型的电梯系统和故障情况。

3.2.5 电梯安全态势评估方法

电梯安全态势评估是电梯运行态势感知技术的关键环节,旨在通过对电梯系统各项指标的综合分析,实现对电梯运行安全状态的实时评估和预警。本节将介绍一种基于大数据的电梯安全态势评估方法。

首先,该方法需要收集并整理电梯系统的各项数据,包括电梯运行速度、载重情况、运行时间、故障记录等信息。然后,利用数据挖掘和机器学习技术,建立电梯安全态势评估模型。该模型可以根据历史数据和当前数据,对电梯系统的安全状态进行实时评估,并预测未来可能出现的故障风险。

具体而言,该方法包括以下几个步骤。

(1)数据采集和预处理

在电梯安全态势感知系统的设计中,数据的收集和处理是非常重要的。为了确保数据的质量和可用性,需要对电梯系统的各项数据进行收集、清洗和预处理。

在数据收集方面,需要收集电梯系统的各项数据,包括电梯运行速度、载重情况、运行时间、故障记录等信息。这些数据可以通过传感器等设备进行采集,并存储在数据库中。

在数据清洗方面,需要对采集到的数据进行清洗和去重,以消除数据中的噪声和冗余信息,提高数据的质量和可用性。数据清洗可以通过使用数据挖掘技术和机器学习算法来实现。

在数据预处理方面,需要对采集到的数据进行预处理和转换,以便更好地进行分析和应用。例如,可以对数据进行归一化处理、特征提取等操作,以便更好地进行数据分析和建模。

(2)特征提取和选择

在电梯安全态势感知系统的设计中,特征工程技术是非常重要的。通过特征工程技术,可以从数据中提取出电梯系统的各项特征,如运行速度、载重比例、故障次数等,来作为评估模型的输入内容。

特征工程技术是一种将原始数据转换为可用于机器学习算法的特征的过程。在电梯安全态势感知系统中,特征工程技术可以帮助我们从大量的电梯数据中提取出有用的信息,以便更好地了解电梯的运行情况和问题所在。

在特征工程方面,需要针对电梯系统的不同特征进行特征提取和特征选择。例如,在运行速度方面,可以提取电梯的平均速度、最高速度、最低速度等特征;在载重比例方面,可以提取电梯的平均载重比例、最高载重比例、最低载重比例等特征;在故障次数方面,可以提取电梯的故障次数、故障类型、故障原因等特征。

除了上述特征外,还有许多其他的特征可供选择。在选择具体的特征时,需要根据实际情况进行评估和比较,以选择最适合的特征方案。如图 3.4 所示为电梯示意图。

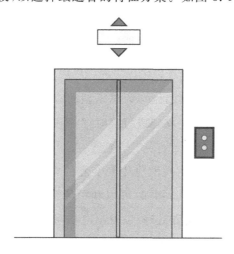

图 3.4　电梯示意图

（3）建立评估模型

在电梯安全态势感知系统的设计中,机器学习技术是非常重要的。通过机器学习技术,可以建立电梯安全态势评估模型,对电梯系统的安全状态进行实时评估,并预测未来可能出现的故障风险。

在建立评估模型方面,需要采用合适的机器学习算法和模型。例如,可以使用决策树、支持向量机、神经网络等算法来建立模型。在模型训练方面,需要使用历史数据进行训练,并通过交叉验证等方法对模型进行优化和调整。

在模型应用方面,需要将模型应用到实际的电梯系统中,实现对电梯系统的安全状态进行实时评估和预测。例如,可以利用传感器等设备采集电梯的运行数据,并通过评估模型对数据进行分析和处理,以得出电梯系统的安全状态和未来可能出现的故障风险。

（4）模型优化和验证

在电梯安全态势感知系统的设计中,评估模型的优化是非常重要的。通过交叉验证和测试集验证,可以优化评估模型的参数和结构,以提高模型的准确性和可靠性。

交叉验证是一种常用的模型优化方法,可以将数据集分为多个子集,其中一个子集作为测试集,其余子集作为训练集。通过交叉验证,可以对模型进行多次训练和测试,从而得出模型的平均性能指标,以评估模型的准确性和可靠性。

测试集验证是另一种常用的模型优化方法,可以将数据集分为训练集和测试集,其中训练集用于训练模型,测试集用于评估模型的性能。通过测试集验证,可以对模型进行单次训练和测试,并得出模型的性能指标,以评估模型的准确性和可靠性。

在模型优化方面,需要对模型的参数和结构进行调整和优化。例如,可以调整模型的学习率、正则化系数等参数,以提高模型的准确性和可靠性;也可以调整模型的层数、节点数等结构参数,以优化模型的结构和性能。

(5)安全状态评估和预警

在电梯安全态势感知系统的设计中,评估模型的应用是非常重要的。通过建立好的评估模型,可以对电梯系统的安全状态进行实时评估和预测,并生成相应的预警信号,以提醒维护人员进行处理。

在模型应用方面,需要将评估模型应用到实际的电梯系统中,并根据实时采集到的数据对模型进行实时评估和预测。例如,可以利用传感器等设备采集电梯的运行数据,并通过评估模型对数据进行分析和处理,以得出电梯系统的安全状态和未来可能出现的故障风险。如果模型检测到电梯系统存在安全隐患,会自动生成预警信号,并发送给维护人员,以提醒其进行处理。

在预警信号方面,需要根据实际情况进行设置和调整。例如,可以设置预警信号的级别和内容,以便维护人员快速了解电梯系统的安全状态并采取相应的措施。

本方法基于大数据和机器学习技术,能够针对不同类型的电梯系统,实现对电梯运行安全状态的实时评估和预警。在实际应用中,可以根据具体情况进行模型的调整和优化,以达到更好的效果。

3.3 电梯安全态势感知系统架构设计

3.3.1 电梯安全态势感知系统整体架构设计

电梯安全态势感知定义为基于现有传感技术,对电梯运行的曳引机、导轨、轿厢和钢缆等机电运行状态和工况数据的实时监测感知和研判。通过基于传感大数据知识图谱的云计算同境孪生辅助模式,人工模拟生物(例如哺乳动物海马体)对外部环境信息的处理方法,构建了一套基于多约束、强耦合和非线性的动态数据处理及有效合成模式,可动态生成电梯安全运行态势的全息感知架构,为电梯的安全运行、健康诊断及研判评估奠定基础。本设计优选涉及电梯安全的主要部件参数(曳引机的振动、噪声温度,针对导轨的角度、位移和加速度,针对钢缆的张力等)的传感器数据。建立基于多源异构数据融合构建电梯安全态势感知架构及模型,需构建多源传感数据的统一存储和并行查询系统,并确立云端同景孪生观测数据标定方法,验证和优化各系统及模型。

为支撑电梯视角的感知数据快速分析,拟建立基于内存的多源异构传感数据统一存储及并行查询系统。先引入一些重要的概念和定义。

定义 1(传感器数据集):编号为 id 的传感器的数据 **Tid** 定义为由该传感器所有采样

点按时间熟悉构成的序列。即:$\mathbf{Tid} = \{(amp_1, pha_1, time_1, p_1, flag_1), (amp_2, pha_2, time_2, p_2, flag_2), \cdots\}$。其中,amp 是幅值,pha 是相位,time 是时间戳,p 是可变长的数据附加信息,不同类型的数据 p 的内容可能不同,flag 是数据类型特征。所有传感器的历史数据集合成为传感数据集,记为 $S = \{\mathbf{Tid}_1, \mathbf{Tid}_2, \cdots, \mathbf{Tid}_n\}$。

定义 2(查询和查询集):系统的查询是指进程的一个查询请求,记为 $q = (queryID, queryType, queryCond)$。其中,queryID 是查询的编号;queryType 是查询类型,包括传感器类型、状态参数和时间的查询;queryCond 是查询条件,描述了进程的查询要求,一定时间内系统收到的所有查询的集合称作查询集,记为 $Q = \{q_1, q_2, \cdots, q_n\}$。

定义 3(结果和结果集):查询结果是指在传感数据集中符合对应查询的查询条件的最大子集以及查询的编号组成的二元组,记为 $r = (queryID, results)$,其中 results 是满足编号为 queryID 的查询的查询条件的传感数据集合。所有查询的查询结果构成该查询集的结果集,记为 $R = \{r_1, r_2, \cdots, r_n\}$。

问题描述:设计一种统一存储及查询系统,实现在极短时间内,根据系统的查询请求生成查询集,并在传感数据集中检索到所有对应的查询结果构成的结果集,把所有相关编号返回给系统。

定义 4(多源传感数据结构的设计):假定系统的查询 $\{q_1, q_2, \cdots, q_n\}$,查询集为 $Q = \{q_1, q_2, \cdots, q_n\}$,已有的历史数据集为 D。要解决的问题是如何设计一个快速的存储和查询方法,找到结果集 $R = \{r_1, r_2, \cdots, r_n\}$,使得 $\forall i, r_i.queryID = q_i.queryID$,且 $r_i.results$ 是 D 中最大的满足 $q_i.queryCond$ 的子集。

基本思路:针对数据存储和查询两大功能,拟将系统分为存储子系统和查询子系统分别进行研究。存储子系统将数据读入,经过噪声检测、聚类和压缩等预处理后,与自身位姿数据、知识库等的多源传感数据一起按照预先设计好的数据结构存放在内存中,并建立剪枝能力强、适用于三种查询(线、体、范围)的统一索引结构。查询子系统将上层应用的查询请求解析后,按一定规则将所有查询请求划分为若干个查询集。对于每一个查询集,查询子系统并行地通过索引构建与之对应的数据块。而后,这些查询集—数据块组合会并行地被 GPU 处理,快速地找到该查询集对应的查询结果集合。最后,查询子集将结果分别输出给发起请求的应用。

电梯安全态势感知系统是基于大数据的电梯运行态势感知技术的核心应用之一,旨在通过对电梯系统各项指标的实时监测和分析,实现对电梯运行安全状态的全面掌握和有效预警。本节将介绍一种基于大数据的电梯安全态势感知系统整体架构设计。

①数据采集层:数据采集层是电梯安全态势感知系统的重要组成部分,该层负责收集电梯系统的各项数据,包括电梯运行速度、载重情况、运行时间、故障记录等信息。这些数据是电梯安全态势评估和预警的基础,也是后续数据分析和建模的关键。

为了实现数据采集的目标,可以采用传感器、监测设备、控制器等方式进行数据采集。传感器可以安装在电梯的关键部位,如电机、轮轴、门锁等处,以实时监测电梯的运行状态。监测设备可以安装在电梯井道内,以便对电梯系统进行全面监测。控制器可以记录电梯的运行时间和故障记录,为后续的分析提供基础数据支撑。

数据采集需要考虑数据的精度、时效性和安全性。为了保证数据的精度,需要选择合适的传感器和监测设备,并进行定期校准和维护。为了保证数据的时效性,需要采用高效的数据传输技术,如无线通信、物联网等方式,将数据及时传输到数据处理中心。为了保证数据的安全性,需要采用加密传输和存储技术,以防止数据泄露和被篡改。

在实际应用中,数据采集需要考虑电梯系统的特点和环境条件,如电梯的类型、规模、运行环境等。同时,还需要考虑成本和效益的平衡,选择合适的数据采集方案,以实现对电梯运行状态的全面监测和预测。

②数据预处理层:数据预处理层是电梯安全态势感知系统的重要组成部分,该层负责对采集到的数据进行清洗、去噪、归一化等预处理,以提高数据质量和可用性。同时,该层还可以对数据进行特征提取和选择,以便于后续的建模和分析。

数据预处理是保证后续数据分析和建模的关键步骤之一。首先,需要对采集到的数据进行清洗和去噪,以去除异常值和干扰信号,提高数据的准确性和可靠性。其次,需要对数据进行归一化处理,将不同维度的数据转化为统一的数值范围,以便于后续的计算和比较。最后,需要进行特征提取和选择,从数据中提取出具有代表性的特征,以便于后续的建模和分析。

特征提取和选择是数据预处理的重要环节,它可以从大量的原始数据中提取出具有代表性的特征,以便于后续的建模和分析。特征可以是电梯运行速度、载重比例、故障次数等指标,也可以是通过数据挖掘和机器学习技术得到的新特征。在选择特征时,需要考虑特征的相关性、重要性和可解释性,以确保选取的特征能够对电梯系统的安全状态进行准确评估和预测。

在实际应用中,数据预处理需要根据具体情况进行调整和优化,以达到更好的效果。同时,还需要考虑数据预处理的速度和效率,以保证数据处理的实时性和有效性。

③数据存储和管理层:数据存储和管理层是电梯安全态势感知系统的关键组成部分,该层负责对预处理后的数据进行存储和管理,以便于后续的查询和分析。数据存储可以采用关系型数据库、非关系型数据库、分布式文件系统等方式实现。

在数据存储方面,关系型数据库是一种常用的数据存储方式,它具有结构化、安全性高等优点。关系型数据库可以采用 SQL 语言进行查询和管理,适用于需要事务控制和数据一致性的场景。但是,在大规模数据存储和高并发查询的情况下,关系型数据库的性能和扩展性可能会受到限制。

非关系型数据库是一种新型的数据存储方式,它具有结构灵活、扩展性好等优点。非关系型数据库可以采用 NoSQL 语言进行查询和管理,适用于大规模数据存储和高并发查询的场景。但是,非关系型数据库也存在一些缺点,如数据一致性难以保证、安全性不高等问题。

分布式文件系统是一种可扩展、高性能的数据存储方式,它将数据分散存储在多个节点上,实现了数据的高可用性和容错性。分布式文件系统可以采用 Hadoop、Spark 等技术进行管理和查询,适用于大规模数据存储和分布式计算的场景。但是,在数据存储和查询方面需要一定的技术门槛和管理成本。

在实际应用中,数据存储和管理需要考虑数据的规模、访问频率、安全性等因素,选择合适的数据存储方式和技术方案,以保证数据的可靠性和高效性。同时,还需要考虑数据存储和管理的成本和效益的平衡,以确保系统的可持续发展。

④数据分析和建模层:数据分析和建模层是电梯安全态势感知系统的核心组成部分,该层负责对存储的数据进行分析和建模,以实现对电梯运行状态的实时监测和预测。该层可以采用机器学习、深度学习、数据挖掘等技术,建立电梯安全态势评估模型,并实现对电梯运行安全状态的全面掌握和有效预警。

在数据分析和建模方面,机器学习、深度学习、数据挖掘等技术都具有很高的应用价值。机器学习可以通过对历史数据进行学习和建模,实现对电梯运行状态的预测和诊断。深度学习可以通过神经网络等技术,实现对电梯运行状态的自动提取和分类。数据挖掘可以通过对数据进行挖掘和分析,发现电梯运行状态的规律和趋势,如表 3.3 所示。

表 3.3 学习方法比较

技术手段	应用场景	优点
机器学习	对历史数据进行学习和建模,实现对电梯运行状态的预测和诊断	可以利用历史数据进行预测,提高电梯运行的可靠性
深度学习	利用神经网络等技术,实现对电梯运行状态的自动提取和分类	可以自动提取特征,减少人工干预,提高数据分析效率
数据挖掘	通过对数据进行挖掘和分析,发现电梯运行状态的规律和趋势	可以从大量数据中挖掘出有用的信息,帮助优化电梯运行策略

在建立电梯安全态势评估模型时,需要考虑多种因素,如电梯类型、运行环境、维护记录等。可以通过多种算法,如决策树、支持向量机、神经网络等,进行建模和预测。同时,还需要对模型进行优化和调整,以提高模型的准确性和可靠性。

在实际应用中,数据分析和建模需要考虑数据的规模、时效性、安全性等因素,选择合适的算法和技术方案,以保证数据的准确性和有效性。同时,还需要考虑数据分析和建模的速度和效率,以保证数据分析和建模的实时性和有效性。最终,通过建立电梯安全态势评估模型,可以实现对电梯运行安全状态的全面掌握和有效预警,为电梯安全管理和维护提供了新的思路和技术支持。

⑤可视化展示和决策支持层：结果展示和决策支持层是电梯安全态势感知系统的重要组成部分，该层负责将分析和建模的结果进行可视化展示，并提供决策支持功能。该层可以采用 Web 应用程序、移动应用程序等方式实现。

结果展示是将数据分析和建模的结果以图表、统计数据等形式进行展示，以便于用户对电梯运行状态进行直观了解。结果展示可以采用各种数据可视化技术，如折线图、柱状图、饼图等，将数据呈现在用户面前。同时，还可以通过交互式界面，让用户根据自己的需求进行数据筛选和查询。

决策支持是将数据分析和建模的结果转化为决策建议，帮助用户做出更好的决策。决策支持可以采用各种算法和技术，如推荐系统、决策树等，将数据分析和建模的结果转化为可操作的决策建议。同时，还可以提供实时预警功能，当电梯运行状态异常时，及时向用户发出预警信息，帮助用户采取有效措施。

在实际应用中，结果展示和决策支持需要考虑用户的需求和使用习惯，选择合适的展示方式和决策支持技术，以提高用户的使用体验和效果。同时，还需要考虑数据的安全性和隐私保护，确保用户的数据不会被泄露或滥用。

最终，通过结果展示和决策支持层，可以将数据分析和建模的结果转化为可操作的决策建议，帮助用户做出更好的决策，并实现对电梯安全状态的全面监测和预测。

3.3.2 电梯安全态势感知系统硬件平台设计

电梯安全态势感知系统的硬件平台设计是保证系统正常运行和数据采集的关键。本节将从硬件平台的选型、传感器的选择和安装、通信模块的设计等方面进行详细介绍。

（1）硬件平台选型

电梯安全态势感知系统的硬件平台选型是系统设计中至关重要的一环，它直接影响着系统的稳定性、可靠性、扩展性等方面。在选型时，需要根据系统的需求和实际情况进行选择。

常用的硬件平台包括单片机、嵌入式系统、工控机等。单片机具有成本低、体积小等优点，适用于数据采集和简单控制；嵌入式系统具有性能强、可扩展性好等优点，适用于数据处理和分析；工控机具有计算能力强、可靠性高等优点，适用于大规模数据存储和计算。

在电梯安全态势感知系统中，可以采用嵌入式系统作为硬件平台，以满足系统的需求。嵌入式系统可以采用 ARM、DSP 等芯片作为核心，配合各种外设实现数据采集、处理和通信等功能，在电梯安全态势感知系统中具有广泛应用前景。

如图 3.5 为 ARM 芯片实图。在嵌入式系统的设计中，还需要考虑系统的稳定性、可靠性和扩展性等方面。嵌入式系统的稳定性和可靠性是保证系统正常运行和数据采集的关键,需要通过合适的设计和调试来实现。同时,还需要考虑系统的扩展性,以适应未来可能的需求变化和功能升级。

图3.5 ARM芯片

(2)传感器的选择和安装

传感器是电梯安全态势感知系统的重要组成部分,它承担着数据采集的关键任务。在传感器的选择和安装过程中,需要考虑多种因素,如测量范围、精度、稳定性、可靠性等。

在电梯安全态势感知系统中,可以采用加速度传感器、温度传感器、声音传感器等多种传感器进行数据采集。加速度传感器可以用于测量电梯运行的加速度、速度等参数;温度传感器可以用于测量电梯机房的温度等参数;声音传感器可以用于检测电梯运行时的声音异常等情况。通过多种传感器的配合使用,可以实现对电梯运行状态的全面监测和预测。

传感器的安装位置和方式也需要考虑多种因素,如安全性、便捷性、准确性等。传感器可以安装在电梯各个部位,如电梯轿厢、电梯机房等,以实现全面的数据采集和监测。传感器的安装位置和方式需要根据电梯的实际情况和需求进行选择和调整,以确保数据采集的准确性和有效性。

在传感器的选择和安装过程中,还需要考虑传感器的测量范围、精度、稳定性和可靠性等方面。传感器的测量范围应该能够满足电梯运行状态的要求,传感器的精度和稳定性应该能够保证数据的准确性和可靠性。同时,还需要考虑传感器的寿命和维护成本等因素,以确保系统的长期运行和可持续发展。

(3)通信模块的设计

通信模块是电梯安全态势感知系统的重要组成部分,它承担着数据传输和交互的关键任务。在通信模块的设计过程中,需要考虑多种因素,如通信协议、数据传输速率、安全性等。

在电梯安全态势感知系统中,可以采用无线通信方式进行数据传输,如 Wi-Fi、蓝牙等。无线通信具有传输距离远、传输速率高等优点,可以满足电梯安全态势感知系统对数据实时性和准确性的要求。同时,无线通信还可以避免传统有线通信方式中存在的线路故障、接口不匹配等问题,提高了系统的稳定性和可靠性。

通信模块可以采用芯片组或模块的形式进行设计。通过选用合适的芯片组或模块,可以实现数据的可靠传输和安全保障。通信模块还需要考虑数据传输速率、带宽等因素,以满足电梯安全态势感知系统对数据传输速度和容量的要求。

在通信模块的设计中,还需要考虑通信协议的选择和兼容性。通信协议可以采用 TCP/IP、HTTP 等协议,以实现数据传输和交互。同时,还需要考虑通信模块与硬件平台的兼容性和稳定性,以确保系统的正常运行和数据采集的准确性。

在实际应用中,通信模块的设计需要根据电梯安全态势感知系统的实际需求进行选择和调整。通信模块的稳定性、可靠性和安全性是保证系统正常运行和数据采集的关键。只有通过合适的设计和调试,才能实现电梯安全态势感知系统的高效运行和数据采集的准确性。

3.3.3　电梯安全态势感知系统软件平台设计

电梯安全态势感知系统软件平台是电梯安全态势感知系统中的重要组成部分,它承担着数据处理、分析和展示的重要任务。软件平台的设计需要考虑多种因素,如系统的可靠性、实时性、易用性等。

在电梯安全态势感知系统软件平台的设计中,需要采用合适的技术和算法,以实现数据的实时处理和分析。在电梯安全态势感知系统的设计中,数据处理模块是软件平台的核心部分。该模块负责对采集到的电梯数据进行处理和分析,并生成相应的报告和预警信息。为了实现数据的高效处理和分析,可以采用大数据处理技术,如 Hadoop、Spark等。Hadoop 是一个开源的分布式计算平台,可以处理大规模数据集,具有高容错性和可扩展性。在电梯安全态势感知系统中,可以使用 Hadoop 对大量的电梯数据进行处理和存储。通过 Hadoop 的 Map Reduce 框架,可以将数据分成多个小块进行并行处理,提高数据处理的效率。Spark 是另一个开源的大数据处理技术,它支持内存计算和迭代计算,可以处理大规模的数据集和复杂的计算任务。在电梯安全态势感知系统中,可以使用 Spark 对电梯数据进行实时处理和分析。通过使用 Spark 的流处理技术,可以实现对电梯数据的实时监测和预警。除了 Hadoop 和 Spark 外,还有许多其他的大数据处理技术可供选择。在选择具体的技术时,需要根据实际情况进行评估和比较,以选择最适合的技术方案。

同时,软件平台还需要考虑数据的展示和交互。为了方便用户查看和管理数据,软件平台需要提供友好的界面和功能。在电梯安全态势感知系统的设计中,数据展示模块和用户交互模块是非常重要的。数据展示模块可以采用可视化技术,如图表、地图等,以直观地展示数据信息。通过可视化技术,可以更加清晰地了解电梯的运行情况和异常情况,从而及时采取相应的措施。在电梯安全态势感知系统中,地图技术是一种常用的可视化技术。通过地图技术,可以直观地显示电梯的位置和运行状态,从而及时发现电梯的异常情况。另外,图表技术也是一种常用的可视化技术,可以将电梯的各项指标进行可视化展示,以便更好地了解电梯的运行情况和问题所在。除了数据展示模块外,用户交互模块也是电梯安全态势感知系统不可或缺的一部分。用户交互模块可以采用人机交互技术,如语音识别、手势识别等,以提高用户的易用性和用户体验。通过人机交互技术,可以让用户更加方便地操作系统,并及时了解电梯的运行情况和问题所在。

在软件平台的设计中,还需要考虑安全性和可靠性等方面。在电梯安全态势感知系统的设计中,软件平台需要采用合适的安全措施,以保护数据的安全性和隐私性。其中,加密技术是一种常用的安全措施,可以对数据进行加密处理,以防止数据被非法获取和篡改。另外,防火墙技术也是一种常用的安全措施,可以对网络进行监控和管理,以保证系统的安全性。

同时,在电梯安全态势感知系统中,备份和恢复策略也是非常重要的。备份可以帮助我们在系统出现故障或数据丢失时,快速恢复系统和数据。因此,需要定期对系统进行备份,并将备份数据存储在安全的地方。另外,在数据恢复方面,需要采用合适的恢复策略,以保证系统的可靠性和容错性。除了上述措施外,还有许多其他的安全措施可供选择。在选择具体的安全措施时,需要根据实际情况进行评估和比较,以选择最适合的安全方案。

3.3.4 电梯安全态势感知系统可视化设计

电梯安全态势感知系统的可视化设计便于用户查看和管理数据,提高数据的可读性和可理解性。在可视化设计中,需要考虑多种因素,如数据类型、数据量、用户需求等。

在电梯安全态势感知系统的可视化设计中,需要采用合适的图表、地图等可视化技术,以直观地展示数据信息。在电梯安全态势感知系统的可视化设计中,图表和地图是常用的可视化技术。通过图表可以展示电梯运行的各种指标,如电梯运行时间、故障次数、故障类型等。这些指标可以通过柱状图、折线图等方式来展示,以便用户更加直观地了解电梯的运行情况和问题所在。同时,还可以对指标进行趋势分析和比较分析,以便用户更全面地掌握电梯的运行情况。

地图是另一种常用的可视化技术,它可以用来展示电梯的分布情况和故障发生的位置等信息。通过地图,用户可以快速了解电梯分布的区域和故障发生的位置,从而及时采取相应的措施。在地图上,可以使用标记和颜色等方式来表示电梯的状态,如正常、故障等。同时,还可以使用动态效果来展示电梯的实时状态,以便用户更加直观地了解电梯的运行情况。

为了提高用户的易用性和用户体验,还可以采用人机交互技术,如语音识别、手势识别等。通过这些交互方式,用户可以更加方便地操作系统,并获取所需的数据信息。

语音识别技术可以让用户通过语音指令来操作系统,无须使用鼠标和键盘等外部设备。通过语音识别技术,用户可以更加自然地与系统进行交互,提高了用户的使用效率和舒适度。同时,语音识别技术可以帮助用户快速找到所需的数据信息,从而更快地做出相应的决策。

手势识别技术可以让用户通过手势来操作系统,无须触摸屏幕或使用鼠标等外部设备。通过手势识别技术,用户可以更加自由地与系统进行交互,提高了用户的使用效率和舒适度。同时,手势识别技术可以帮助用户快速找到所需的数据信息,从而更快地做出相应的决策。

在可视化设计中,还需要考虑数据的实时性和更新频率。为了保证电梯安全态势感知系统的数据实时性,可以采用数据流处理技术,如 Storm、Spark Streaming 等。这些技术可以实现数据的实时处理和分析,并及时更新可视化界面上的数据信息。

数据流处理技术可以将数据流划分为多个小批次,每个小批次包含一定量的数据。通过对每个小批次进行处理和分析,可以实现数据的实时处理和分析。同时,还可以使用窗口函数来对数据进行滑动窗口处理,以便更好地掌握数据的变化趋势。

在数据流处理技术中,Storm 和 Spark Streaming 是常用的技术。Storm 是一个分布式实时计算系统,它可以快速处理大规模数据流,并提供可靠的数据处理保障。Spark Streaming 是一个基于 Spark 的实时计算系统,它可以实现数据的高效处理和分析,并提供应用程序编程接口(application programming interface,API)和工具。

例如通过采用纤维丛流形耦合分析建模的数据流处理技术,可以实现电梯安全态势感知系统数据的实时处理和分析,并及时更新可视化界面上的数据信息。同时,还需要考虑数据的安全性和隐私性,采用合适的安全措施,如加密、防火墙等,以保护数据的安全性。利用纤维丛映射方法,建立旨在达成双向信息交互的数学模型,该模型具有自学习性、可观测性和可控性。

(1)纤维丛理论分析

所特有的联系和处理不同几何空间和不同空间几何量的方法,为研究数据集全局与局部关系提供了可行的数学方法。纤维丛是流形向乘积的推广,常用的是矢丛。简单地说,设 E、M 是两个光滑流形,E 到 M 的映射光滑,M 上各点的仿射空间由 n 维矢量集合构成,称 (E,M) 为流形 M 上的矢丛,直观地说,矢丛 E 是积流形和纤维黏合的结果。黏合时要求纤维上的线性关系保持不变。纤维中的 n 维矢量称为截面,平移矢量坐标微分变化的展开系数便是联络。对于纤维丛上矢值函数等的建立和推导,其核心思想是降维,如图 3.6 所示,将 B 的三维数据由 A 中的二维流形采样而来,C 是 B 的平面映射。

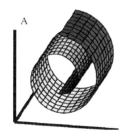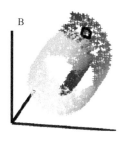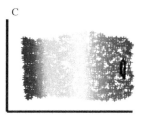

图 3.6　纤维丝降维思想实验过程截图

（2）算法步骤

Step1:用 k 近邻方法计算每个点的临近点。

Step2：计算权值 $w_{ij} = \dfrac{\sum_k \boldsymbol{G}_{jk}^{i\ -1}}{\sum_{lm} \boldsymbol{G}_{lm}^{i\ -1}}$。

其中，$\boldsymbol{G}_{jk}^{i} = (\boldsymbol{X}_i - \boldsymbol{\eta}_j) \cdot (\boldsymbol{X}_i - \boldsymbol{\eta}_k)$，$\boldsymbol{\eta}_j$，$\boldsymbol{\eta}_k$ 为 $\boldsymbol{x}_i$ 的邻近点。

Step3:保持 w_{ij} 不变,求 $\boldsymbol{x}_i$ 的映像 $\boldsymbol{y}_i$,使 $\Phi(\boldsymbol{y}) = \sum \mid \boldsymbol{Y}_i - \sum w_{ij} \boldsymbol{Y}_j \mid^2$ 最小。

　　在纤维丛的切丛模型上,利用切丛模型上的切空间纤维和向量场,导出基于切丛局部主方向的向量场降维算法,通过构建邻域计算局部主成分近似表示切空间,利用每个切空间上的第一主方向组成向量场,以向量场表示原始流形的拓扑关系,由此通过向量场降维来近似找到原始流形的低维拓扑结构。向量场降维算法以 GABOR 函数原子聚类后的块作为邻域构建向量场,计算规模急速减小,利于机器人现场的实时决策。

（3）向量场降维算法

输入:样本集 $\boldsymbol{X}$,低维嵌入空间的维数 d,设 $\boldsymbol{X}_i$ 的均值为 $\boldsymbol{\beta}$。

Step1:用 k 均值找到 $\boldsymbol{X}$ 的 t 个中心,把 $\boldsymbol{X}$ 划分成 t 块,每块表示为 $\boldsymbol{X}_i = [x_{i1}, x_{i2}, \cdots, x_{in}]$。

Step2:局部主成分分析。计算协方差矩阵 $(\boldsymbol{X}_i - \boldsymbol{\beta} e^T)^T (\boldsymbol{X}_i - \boldsymbol{\beta} e^T)$,得到第一主特征向量 $\boldsymbol{\theta}_i$,第一主成分为 $z_i = (\boldsymbol{\theta}_i^T \times \boldsymbol{X})^T$。

Step3:求各块上第一主成分向量 z_i 在各块上的坐标 $z_i = z_i - c_i$,其中 c_i 是各聚类中心坐标,从而组成矩阵 $\boldsymbol{Z} = [z_1, z_2, \cdots, z_t]$。

Step4:调用流形学习算法降维向量场 $\boldsymbol{Z}$。

　　本算法采用 k 均值算法,用于求解特征值的协方差矩阵 $1 \times t$ 阶(l 为各块上样本数量)。向量场降维算法以聚类后的块作为邻域构建向量场,降低了计算规模,仿真实验证明了该算法有效和可行,聚类后的向量场降维过程截图如图 3.7 所示。

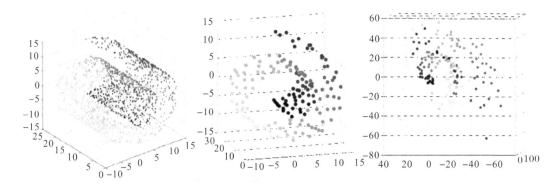

图 3.7 聚类后的向量场降维过程截图

3.4 本章小结

本章重点介绍了电梯安全态势感知关键技术,其中包括大数据技术在电梯安全中的应用、电梯传感器种类及原理、电梯运行状态感知方法、电梯故障预警方法、电梯安全态势评估方法以及电梯安全态势感知系统架构设计等方面。这些技术的应用可以帮助我们更好地了解电梯的运行情况和问题所在,从而提高电梯的安全性和可靠性。

在大数据技术在电梯安全中的应用方面,本章分析了其现状和前景,并介绍了相关案例。大数据技术在电梯安全中的应用可以帮助我们快速处理大量数据,并提供可靠的数据处理保障。同时,通过对数据进行分析和挖掘,可以发现电梯的运行状态和潜在问题,从而提前采取相应的措施。

在电梯传感器种类及原理方面,本章详细介绍了电梯传感器的种类和工作原理,并阐述了其在电梯安全中的重要性。电梯传感器可以实时监测电梯的运行状态和各种参数,如速度、负载、温度等,从而及时发现电梯的问题和异常情况。

在电梯运行状态感知方法和故障预警方法方面,本章介绍了多种方法和技术,并指出其各自的优缺点。这些方法和技术可以帮助我们更好地了解电梯的运行状态和潜在问题,从而及时采取相应的措施。

在电梯安全态势评估方法方面,本章介绍了常用的评估方法和指标。通过对电梯的各项指标进行评估,可以更加全面地了解电梯的安全性和可靠性,从而采取相应的改进措施。

在电梯安全态势感知系统架构设计方面,本章分别从整体架构设计、硬件平台设计、软件平台设计和可视化设计等方面进行了详细介绍。电梯安全态势感知系统是一个复杂的系统,需要考虑各种因素,如数据的实时性、安全性和隐私性等。因此,在系统的设计中,需要充分考虑各种因素,以保证系统的有效性和可靠性。

综上所述,本章介绍了电梯安全态势感知关键技术,这些技术的应用可以帮助我们更好地了解电梯的运行情况和问题所在,提高电梯的安全性和可靠性。同时,在电梯安全态势感知系统的设计中,需要考虑各种因素,以保证系统的有效性和可靠性。

参考文献

[1]陈志民.电梯运行安全在线监控系统的设计与实现[D].杭州:杭州电子科技大学,2022.

[2]秦高峰.电梯实时监控与故障报警系统设计[J].电子制作,2022,30(16):98-100.

[3]王春英,陈宏民.制造业企业进行数字化转型的动因和路径研究:基于上海电气集团的案例分析[J].
    当代经济管理,2023,45(05):43-49.

[4]王欣然,殷子渊.基于可达性的站域立体步行系统活力耦合研究[J].地下空间与工程学报:1-9
    [2023-05-02].

[5]何清锋,向周霞.电梯安全性能影响因素和强化电梯检验检测的策略分析[J].中国设备工程,2023
    (08):186-188.

[6]李聪林,王琪冰,陆佳炜,等.基于数字孪生的电梯乘客异常行为建模与识别方法[J].计算机工程与
    应用,2023(19):274-284.

[7]滕逸飞,张忠,张宏亮,等.电梯轿厢运行做功量的研究与监测对行业的意义[J].中国电梯,2021,32
    (24):24-26.

[8]黎清健.曳引电梯运行过程温度控制技术研究进展[J].中国电梯,2021,32(22):30-35.

[9]滕逸飞,姜波,张东宏,等.电梯轿厢运行里程量(动态参数)测试研究的实践[J].中国特种设备安全,
    2021,37(10):41-43.

[10]陈建勋,邰胜林,杨宁祥,等.基于 MEMS 加速度传感器的电梯运行特性检测[J].起重运输机械,
    2021(20):84-88.

[11]李泽华,柴铮,赵春晖.基于轿厢加速度解析的电梯运行健康度评价[J].控制工程,2021,28(10):
    1909-1916.

[12]张刚,董福松.大型综合医院电梯工程建设及运行管理评价[J].中国医院建筑与装备,2021,22
    (10):85-87.

[13]李小珊.一种基于 OneNET 物联网的电梯数据远程监测系统[J].中国电梯,2021,32(19):13-15.

[14]姚参军.影响电梯舒适度的因素分析与对策研究[J].中国设备工程,2021(18):85-86.

[15]戚海洋.浅析电梯安全性能的关键影响因素与安全检测[J].中国设备工程,2021(18):134-135.

[16]李宏刚.PLC 技术在电梯运行中的应用[J].黑龙江科学,2021,12(18):96-97.

[17]陈子军,宋泉宇.电梯运行曲线相关参数分析和计算[J].中国电梯,2021,32(18):14-18.

第4章

电梯运行状态感知方法

电梯运行状态感知方法是运用多传感器按照一定的拓扑结构构建感知物联网的系统化方法,进而可检测和监测电梯各关键环节和运行环境的运行状态。

4.1 电梯传感器数据采集方法

4.1.1 电梯传感器选型和布局

（1）选型

电梯传感器的选型需要考虑多个因素,如测量范围、精度、稳定性、响应时间等。根据电梯运行状态感知的需求,我们需要选择适合于监测电梯各项参数的传感器,如加速度传感器、压力传感器、温度传感器、光电传感器等。

通过对电梯运行时的加速度进行监测,可以获取电梯的运行状态和故障信息。例如,可以通过加速度传感器监测电梯的振动情况,从而判断电梯是否存在故障或异常情况。

通过对电梯油压系统的压力进行监测,可以获取电梯的运行状态和故障信息。例如,可以通过压力传感器监测电梯液压油的压力变化,从而判断电梯油压系统是否存在故障或异常情况。

通过对电梯各个部件的温度进行监测,可以发现电梯的故障或异常情况。例如,可以通过温度传感器监测电梯电机的温度变化,从而判断电梯电机是否存在过热等问题。

通过对电梯门的开关状态进行监测,可以获取电梯的运行状态和故障信息。例如,可以通过光电传感器监测电梯门的开关状态,从而判断电梯门是否存在开启不良或损坏等问题。同时,为了保证传感器的准确性和可靠性,还需要选择高品质的传感器,并对其进行严格的测试和校准。

电梯传感器的选型需要考虑多个因素,如测量范围、精度、稳定性、响应时间等。研究人员需要根据电梯运行状态感知的需求,选择适合于监测电梯各项参数的传感器,并对其进行严格的测试和校准,以保证传感器的准确性和可靠性。

（2）布局

在基于大数据的电梯运行态势感知技术研究中,电梯传感器的布局是非常重要的一环。电梯传感器的布局需要考虑电梯的结构特点和运行状态,以实现对电梯运行状态的全面感知。为了实现对电梯运行状态的全面感知,我们需要在电梯各个部位布置传感器。具体来说,需要在电梯轿厢、电梯井道、电梯门等部位布置传感器。

在电梯轿厢内部,可以布置加速度传感器、温度传感器等传感器,以监测电梯的振动情况和温度变化。例如,通过加速度传感器监测电梯的振动情况,可以判断电梯是否存在故障或异常情况;通过温度传感器监测电梯电机的温度变化,可以判断电梯电机是否存在过热等问题。

在电梯井道内部,可以布置压力传感器、光电传感器等传感器,以监测电梯油压系统和电梯门的状态。例如,通过压力传感器监测电梯液压油的压力变化,可以判断电梯油压系统是否存在故障或异常情况;通过光电传感器监测电梯门的开关状态,可以判断电梯门是否存在开启不良或损坏等问题。

在电梯门部位,可以布置光电传感器等传感器,以监测电梯门的开关状态。例如,通过光电传感器监测电梯门的开关状态,可以判断电梯门是否存在开启不良或损坏等问题。同时,为了保证传感器的准确性和可靠性,我们还需要选择高品质的传感器,并对其进行严格的测试和校准。例如,可以通过对传感器进行灵敏度、精度、响应时间等多项测试和校准,以保证传感器的准确性和可靠性。

电梯传感器的布局是基于大数据的电梯运行态势感知技术研究中非常重要的一环。我们需要根据电梯的结构特点和运行状态,合理布置传感器,实现对电梯运行状态的全面感知。同时,还需要选择高品质的传感器,并对其进行严格的测试和校准,以保证传感器的准确性和可靠性。

4.1.2 传感器数据采集系统设计

(1)数据采集系统的设计

在基于大数据的电梯运行态势感知技术研究中,传感器数据采集系统是非常重要的一环。传感器数据采集系统需要能够实时监测电梯各项参数,并将数据传输到数据处理系统中进行分析和处理,以实现对电梯运行状态的全面感知。本节将从数据采集设备、数据采集接口和数据传输协议三个方面进行详细介绍。

首先,在基于大数据的电梯运行态势感知技术研究中,传感器数据采集系统是非常重要的一环。在传感器数据采集系统中,选择合适的数据采集设备是至关重要的一步。数据采集设备需要具有高精度、高速率、高稳定性等特点,以确保数据的准确性和可靠性。在选择数据采集设备时,需要考虑电梯的运行状态和所需监测的参数。例如,在监测电梯的速度、加速度等参数时,需要选择高速率的数据采集卡;在监测电梯的位移、振动等参数时,则需要选择高精度的数据采集模块。此外,还需要考虑数据采集设备的工作环境、耐用性等因素,以确保数据采集设备的可靠性和稳定性。在选择数据采集设备后,还需要进行数据采集设备的配置和校准。例如,可以进行数据采集设备的采样率、量程等参数的设置和校准,以确保数据采集设备输出的数据准确无误。

其次,在传感器数据采集系统中,数据采集接口是连接传感器和数据采集设备的重要一环。数据采集接口需要与电梯传感器相匹配,以实现对电梯各项参数的准确采集。例如,可以设计合适的传感器接口板或信号调理电路,以满足数据采集设备对传感器信号的输入要求。在设计数据采集接口时,需要考虑传感器类型、信号特征等因素。不同类型的传感器具有不同的输出信号类型和特征,需要根据传感器的输出信号类型和特征,设计相应的数据采集接口。例如,在监测电梯的速度、加速度等参数时,可以选择加速度传感器或速度传感器,并设计相应的数据采集接口;在监测电梯的位移、振动等参数时,则需要选择位移传感器或振动传感器,并设计相应的数据采集接口。在设计数据采集接口时,还需要考虑信号的幅值、频率等特征,以确保数据采集的准确性和可靠性。例如,可以进行信号放大、滤波等处理,以满足数据采集设备对信号的输入要求。

最后,在传感器数据采集系统中,数据传输协议是将采集到的数据传输到数据处理系统中进行分析和处理的关键一环。数据传输协议需要满足高速率、高稳定性等要求,以确保数据的及时传输和可靠性。在选择数据传输协议时,需要考虑数据采集设备的输出接口、数据处理系统的输入接口等因素。例如,当基于表 4.1 电梯的技术参数,来选择网络传输协议时,需要考虑数据采集设备和数据处理系统是否在同一局域网内,网络带宽是否足够等因素;在选择串口传输协议时,需要考虑串口波特率、数据位数等参数是否与数据采集设备和数据处理系统的要求相匹配。同时,还需要考虑数据传输协议的可靠性和稳定性。例如,在选择网络传输协议时,可以选择 TCP 协议,其具有可靠性较高的特点,可确保数据传输的准确性和完整性;在选择串口传输协议时,则需要考虑串口传输的稳定性和误码率等因素。

表 4.1 电梯部分参数表

参数	含义	单位
额定载重	电梯设计的最大载重量	kg
额定速度	电梯设计的最大运行速度	m/s
最大行程	电梯可到达的最高楼层数或深度	层(或 m)
机房面积	安装电梯所需的机房面积	m²
轿厢尺寸	电梯轿厢的长、宽、高尺寸	mm
最大开门宽度	电梯门的最大开启宽度	mm
停电自救装置	电梯停电时,可以让乘客安全自救的装置	—

（2）数据采集系统的实现

在实现传感器数据采集系统时，需要考虑多个因素，如数据采集设备的选型、数据采集接口的设计、数据传输协议的选择等。具体来说，我们可以按照以下步骤实现：

①在实现传感器数据采集系统时，选择合适的数据采集设备是非常重要的一步。根据电梯运行状态感知的需求，需要选择适合于监测电梯各项参数的高精度、高速率、高稳定性的数据采集设备。在选择数据采集设备时，需要考虑多个因素。不仅需要考虑数据采集设备的精度和分辨率。还需要考虑数据采集设备的采样率和采样精度。电梯各项参数的监测需要高精度的数据采集设备，以确保采集到的数据精准可靠。电梯的运行状态变化较快，需要高速率的数据采集设备，以确保采集到的数据的时效性。同时也需要考虑数据采集设备的稳定性和可靠性，以确保长时间的运行。例如，可以选择高速率的数据采集卡或高精度的数据采集模块。高速率的数据采集卡可以实现高速采集和高速传输，适用于实时采集电梯各项参数；而高精度的数据采集模块可以实现高精度采集和高精度计算，适用于对电梯各项参数进行精确的处理和分析。

②在实现传感器数据采集系统时，设计合适的数据采集接口是必不可少的一步。根据电梯传感器的特点和数据采集设备的要求，需要设计合适的传感器接口板或信号调理电路，以实现对电梯各项参数的准确采集。在设计数据采集接口时，需要考虑多个因素。首先，需要考虑电梯传感器的特点和要监测的参数类型。例如，在监测电梯的速度、加速度等参数时，可以选择加速度传感器或速度传感器，并设计相应的数据采集接口；在监测电梯的位移、振动等参数时，则需要选择位移传感器或振动传感器，并设计相应的数据采集接口。不同的数据采集设备可能有不同的输入接口和工作方式，需要根据其要求设计相应的数据采集接口。例如，某些数据采集设备可能需要差分信号输入，而某些传感器输出的是单端信号，需要进行信号转换和放大。电梯传感器的输出信号可能受到干扰和噪声的影响，需要设计合适的信号调理电路，以确保信号的稳定性和可靠性。

③在实现传感器数据采集系统时，选择合适的数据传输协议也是非常关键的一步。根据数据采集设备的要求和数据处理系统的需求，需要选择适合于高速率、高稳定性的数据传输协议，以确保数据的及时传输和可靠性。在选择数据传输协议时，需要考虑多个因素。首先，需要考虑数据传输的速率和稳定性。电梯各项参数的监测需要高速率、高稳定性的数据传输协议，以确保数据的实时性和可靠性。其次，需要考虑数据传输的距离和环境。不同的数据传输协议可能有不同的传输距离和工作环境要求，需要根据实际情况进行选择。例如，可以选择高速率的网络传输协议或可靠性较高的串口传输协议。高速率的网络传输协议例如 TCP/IP、UDP 等，可以实现快速的数据传输和广域网传输；而可靠性较高的串口传输协议例如 RS-232、RS-485 等，可以实现可靠的点对点

通信和远程控制。

④在实现传感器数据采集系统时,搭建一个高效、稳定、可靠的数据采集系统是非常关键的一步。需要将数据采集设备、数据采集接口和数据传输协议等组合起来,进行相应的配置和校准,以确保数据的准确性和可靠性。在搭建数据采集系统时,需要考虑多个因素。不同的数据采集设备可能需要不同的参数设置和校准,需要根据其要求进行相应的操作。例如,需要对数据采集卡的采样率、精度等参数进行设置和校准,以确保采集到的数据的准确性和可靠性。根据电梯传感器的特点和数据采集设备的要求,需要设计合适的传感器接口板或信号调理电路,以实现对电梯各项参数的准确采集。同时,还需要进行相应的测试和优化,以确保数据采集接口的稳定性和可靠性。不同的数据传输协议可能需要不同的网络带宽和波特率等参数设置,需要根据实际情况进行调整和优化,以确保数据的及时传输和可靠性。

(3)数据采集系统的优化

数据采集系统的性能优化措施包括增加数据缓冲区、优化数据传输协议、对数据采集设备进行优化等。其中,增加数据缓冲区或优化数据传输协议等方式是非常有效的。通过增加数据缓冲区可以减少数据丢失和重复,提高数据采集系统的数据吞吐量。数据缓冲区可以将采集到的数据暂时存储在内存中,等待后续处理。当数据处理程序繁忙或者数据传输速率较快时,数据缓冲区可以起到缓冲作用,避免数据丢失和重复,提高数据采集系统的数据吞吐量。而通过优化数据传输协议可以减少数据传输的延迟和冗余,提高数据采集系统的响应速度。不同的数据传输协议可能有不同的传输延迟和冗余,需要根据实际情况进行选择和优化。例如,可以通过压缩数据包、增加数据重传机制等方式来优化数据传输协议,提高数据采集系统的响应速度。

同时,为了提高数据采集系统的准确性和可靠性,还可以对数据采集设备进行优化。这些优化措施包括增加采样率、提高信噪比等。增加采样率可以提高数据采集设备对电梯各项参数的精度和分辨率。采样率是指每秒钟采集到的数据点数,采样率越高则数据点越密集,能够更加准确地反映电梯的运行状态。因此,增加采样率可以提高数据采集设备的精度和分辨率,从而提高数据采集系统的准确性和可靠性。提高信噪比可以减少电梯传感器输出信号中的噪声干扰,提高数据采集系统的准确性和可靠性。信噪比是指信号与噪声的比值,信噪比越高则表示信号质量越好,噪声干扰越小。因此,提高信噪比可以减少电梯传感器输出信号中的噪声干扰,提高数据采集系统的准确性和可靠性。

4.1.3 传感器数据采集方法的优化

在电梯运行态势感知技术的研究中,传感器数据的采集是非常重要的一环。为了提高数据的准确性和可靠性,需要对传感器数据采集方法进行优化。本节将介绍传感器数据采集方法的优化内容。

(1)增加采样率

在电梯运行态势感知技术的研究中,传感器数据的采集是非常重要的一环。为了提高数据的准确性和可靠性,需要对传感器数据采集方法进行优化。其中,增加采样率是提高传感器数据采集准确性和精度的重要手段。

采样率是指每秒钟采集到的数据点数,采样率越高,则采集到的数据点越密集,能够更加准确地反映电梯的运行状态。因此,在传感器数据采集过程中,应该尽可能地增加采样率,以提高数据的准确性和可靠性。具体而言,可以通过增加采样频率或者增加传感器数量等方式来增加采样率。

同时,增加采样率也需要考虑到实际情况。采样率越高,则产生的数据量也越大,需要占用更多的存储空间和计算资源。因此,在确定采样率时,需要综合考虑数据准确性、存储空间、计算资源等因素,选择适当的采样率。

(2)提高信噪比

在传感器数据采集过程中,噪声干扰是影响数据准确性和可靠性的重要因素。为了保证传感器数据采集精度和稳定性,需要采取措施提高信噪比。

信噪比是指信号与噪声的比值,信噪比越高,则表示信号质量越好,噪声干扰越小。因此,提高信噪比是保证传感器数据采集精度和稳定性的重要措施。具体而言,可以通过增加传感器的灵敏度、降低传感器的噪声等方式来提高信噪比,从而提高传感器数据的准确性和可靠性。

增加传感器的灵敏度是提高信噪比的有效手段之一。传感器的灵敏度越高,则能够更加精细地检测电梯各项参数的变化,从而提高数据的准确性和可靠性。同时,也需要考虑到传感器灵敏度过高会增加噪声干扰的可能性,需要综合考虑实际情况选择适当的传感器灵敏度。

降低传感器的噪声也是提高信噪比的有效手段之一。传感器的噪声是指传感器输出信号中的随机波动,会对数据采集精度和稳定性产生负面影响。因此,降低传感器的噪声可以提高信噪比,从而提高传感器数据的准确性和可靠性。具体而言,可以通过增加传感器的抗干扰能力、优化传感器的电路设计等方式来降低传感器的噪声。

(3)优化数据传输协议

在传感器数据采集过程中,数据传输协议的选择和优化也是非常重要的一环。不同的数据传输协议可能会对传输延迟、数据冗余等方面产生不同的影响,因此需要根据实际情况进行选择和优化。

数据传输协议的选择和优化可以从多个方面进行考虑。首先,需要考虑传输速度和稳定性。针对传输速度,可以通过压缩数据包、增加数据重传机制等方式来提高数据传输效率,从而降低传输延迟的情况;针对传输稳定性,可以采用数据冗余技术来提高数据传输的可靠性,避免数据丢失和重复。

其次,还需要考虑数据安全性。传感器数据采集涉及大量的敏感信息,需要保证数据传输过程中的安全性。为此,可以采用数据加密等方式来保障数据的安全性,避免数据泄露和被篡改。

最后,还需要考虑传输协议的兼容性。不同的传感器和数据处理设备可能使用不同的传输协议,需要保证传输协议的兼容性,以便数据能够被顺利地传输和处理。

(4)增加数据缓冲区

在传感器数据采集过程中,为了避免数据丢失和重复,可以增加数据缓冲区,将采集到的数据暂时存储在内存中,等待后续处理。数据缓冲区可以起到缓冲作用,避免数据在传输过程中的丢失和重复,提高传感器数据采集系统的数据吞吐量和稳定性。

数据缓冲区的设计需要根据实际情况进行考虑。首先,需要考虑缓冲区的大小。缓冲区的大小应该足够大,能够容纳足够多的数据,避免数据被丢失;同时也不能过大,否则会占用过多的内存资源,影响系统的性能。

其次,还需要考虑缓冲区的读写速度。缓冲区的读写速度应该与传输速率相匹配,以避免数据阻塞和延迟。此外,为了保证数据的实时性,缓冲区的数据应该尽早地被处理,以避免数据积压和延迟。

最后,还需要考虑缓冲区的管理。缓冲区的管理包括数据清理、数据备份等方面。及时清理缓冲区中的无用数据,备份重要数据,可以保证缓冲区的稳定性和可靠性。

4.1.4 多源传感器数据融合方法

为构造基于多源传感数据的高速度观测系统,项目基于系统内存按横纵方向交叉的矩阵式建立融合观测架构,再分级分层实现各数据的标记和融合处理,为后续状态估计系统提供标准化的观测量集。

(1)问题描述

观测系统获得的位移、速度、温升、电流等含波动、噪声等信息数据,需将这些离散信息处理为电梯观测系统可查询和逻辑关联的数据表示,并通过优选、降维、去噪和分类等方法处理各传感器因采集制动过程信息所生产的大量异构数据,甚至是含观测噪声的不确定数据,需通过分布式融合算法进行解耦、分离和标记。

（2）基本思路

①以心跳信号为各传感数据的时间基准,项目设计的多模态融合观测系统架构,包括四个层次和一个中心,如图 4.1 所示。

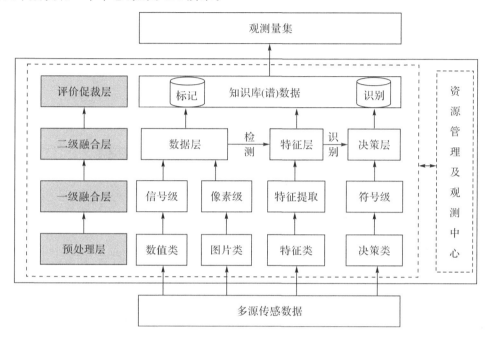

图 4.1 多源传感数据融合的制动器性能观测系统模型图

其中,资源管理及观测中心用于管理各传感数据资源,按事件急迫程度调控和检测各层级的数据处理过程和行为。四个层次：a. 数据的预处理层,按数据类型将获取的多源传感数据分为数值类、图片类、特征类和决策类,并输出上层（一级融合层）。b. 一级融合层将各类型数据进一步处理为信号级、像素级、特征提取和符号级数据,再输出给上一层（二级融合层）。c. 二级融合层将分别融合为基于语义标记的数据层、特征层和决策层数据,并且基于融合效率和大吞吐量的设计该层的数据层可为特征层服务,进而形成融合决策,该层融合成果送上层的知识库存储。d. 也是该融合架构的创新点,基于知识库更新的融合评价和仲裁层,协同观测中心和元数据对融合架构的融合绩效进行评判和自更新。

②数据预处理设计:针对状态观测的传感器群,具体将速度传感器、电流互感器、微型摄像头、温湿度和振动等传感器数据,按元件级、组件级和子系统级进行预处理。各层级综合运用了加权、滤波、信号重构等数据算法,主要思路如图 4.2 所示。

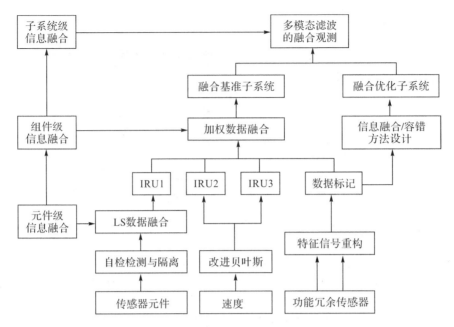

IRU—惯性基准装置(inertial reference unit);LS—线路系统(line system)。

图 4.2　多传感器数据融合层次示意图

③数据融合流程设计:因多源传感数据的复杂分类,项目仅以最难处理的制动速度和抱闸间隙融合为例,论述两级数据融合的基本流程,如图 4.3 和图 4.4 所示。

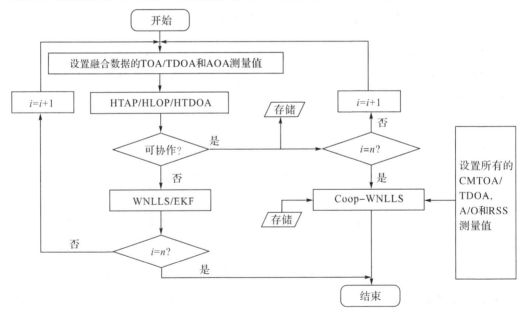

图 4.3　一级数据融合流程示意图

该融合流程借鉴了彗星系统的融合定位技术,设定为一级和二级融合两种统一的分布式融合流程,以制动器相连的曳引机基座为坐标原点,建立空间坐标系,一级融合如图

4.3 所示，主要采用重构制动行为空间与目标间的长短距观测，并混合运用了 TOA/TDOA/HTDOA、WNLLS/EKF 算法获取制动闸瓦的绝对位置坐标；依据一级融合获取解耦的绝对位置坐标估计，再通过二级融合并行观测，同步获得电梯理解下的闸瓦相对坐标、绝对坐标和动作距离，如图 4.4 所示。

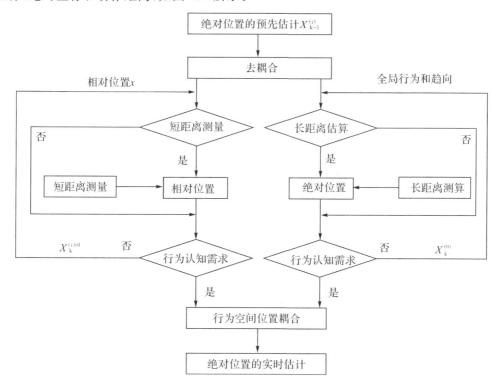

图 4.4　二级数据融合流程图

④仲裁调度算法设计：基于融合成果的质量和效率控制，设计如下算法。

定义：行为空间数据集 X，低维嵌入空间的维数 d，设 x_i 的均值为 β。

Step1，用 k 均值找到 X 的 t 个中心，把 X 划分成 t 块，每块表示 $\boldsymbol{X}_i = [x_{i1}, x_{i2}, \cdots, x_{in}]$。

Step2，局部主成分分析。计算协方差矩阵 $(\boldsymbol{X}_i - \boldsymbol{\beta}_e^{\mathrm{T}})^{\mathrm{T}}(\boldsymbol{X}_i - \boldsymbol{\beta}_e^{\mathrm{T}})$，得到第一主特征向量 θ_i，第一主成分为 $z_i = (\theta_i^{\mathrm{T}} \times X)^{\mathrm{T}}$。

Step3，求各块上第一主成分向量 $\boldsymbol{z}_i$ 在各块上的坐标 $z_i = z_i - c_i$，其中 c_i 是各仲裁权重中心坐标，从而组成矩阵 $\boldsymbol{Z} = [z_1, z_2, \cdots, z_t]$。

Step4，调用流形学习算法，比对知识库评价指标集 P。

本算法采用速率高的 k 均值平移算法，用于求解 X 的协方差矩阵 $1 \times t$ 阶（l 为各块的样本数量），实现对融合数据入库的评判。

4.2 电梯传感器数据处理方法

4.2.1 传感器数据预处理方法

在电梯运行态势感知技术的研究中,传感器数据是获取电梯运行状态的重要手段。然而,由于采集环境、传感器本身等多种因素的影响,传感器数据常常存在噪声和震荡等问题,降低了数据的准确性和可靠性。因此,在对传感器数据进行分析和处理之前,需要进行预处理,以提高数据的质量和可信度。传感器数据预处理包括数据清理、数据归一化、数据平滑等步骤。

(1)数据清理

数据清理是传感器数据预处理的基础。传感器数据采集过程中,可能会受到各种干扰,例如噪声、漂移等,导致数据质量下降。因此,在进行数据分析和处理之前,需要进行数据清理,去除无效数据和异常数据。数据清理的具体方法包括平均值滤波、中值滤波、高斯滤波等,以去除噪声和异常值。平均值滤波是一种简单的数据清理方法,它通过计算数据的平均值来消除噪声和异常值。该方法适用于数据变化缓慢、噪声较小的情况。中值滤波是一种常用的非线性数据清理方法,它通过计算数据的中位数来消除噪声和异常值。该方法适用于噪声较大、数据变化快速的情况。高斯滤波是一种基于高斯分布的数据清理方法,它通过计算数据在高斯分布曲线上的概率密度来消除噪声和异常值。该方法适用于噪声较小、数据变化缓慢的情况。数据清理能够有效提高传感器数据的质量和可信度,为后续的数据分析和处理提供有力的支撑。在电梯运行态势感知技术研究中,通过对传感器数据进行平均值滤波、中值滤波、高斯滤波等数据清理,可以消除数据中的噪声和异常值,提高电梯运行状态的准确性和可靠性,为电梯运行状态监测和预测提供有力的支持。

(2)数据归一化

在电梯运行态势感知技术的研究中,传感器数据是获取电梯运行状态的重要手段。然而,由于不同传感器采集到的数据具有不同的量纲和单位,难以进行数据比较和分析。因此,在对传感器数据进行分析和处理之前,需要进行数据归一化,将不同传感器采集到的数据进行统一的量纲处理,以便进行后续的数据分析和处理。

数据归一化的具体方法包括线性变换、对数变换等。线性变换是将数据按照线性比例进行缩放,使得数据的范围为 0 到 1。该方法适用于数据变化范围较大的情况。对数变换是将数据取对数,使得数据呈现出线性关系。该方法适用于数据呈现出指数关系的情况。

数据归一化能够有效消除不同传感器采集到的数据之间的量纲差异,方便数据的比较和分析。在电梯运行态势感知技术研究中,通过对传感器数据进行线性变换、对数变换等数据归一化,可以将不同传感器采集到的数据转化为相同的尺度,方便进行电梯运行状态的比较和分析,而不至于造成图 4.5 所示无法提供乘行服务的问题,为电梯运行状态监测和预测提供有力的支持。

图 4.5 电梯无法提供乘行服务

(3)数据平滑

数据平滑是传感器数据预处理的重要步骤之一。数据平滑可以去除数据中的噪声和震荡,使得数据更加平稳和可靠。数据平滑的具体方法包括移动平均法、指数平滑法等。移动平均法是一种常用的数据平滑方法,它通过计算数据的滑动平均值来去除噪声和震荡。该方法适用于数据变化缓慢、噪声较小的情况。指数平滑法是一种基于指数加权的数据平滑方法,它通过对数据进行指数加权平均来消除噪声和震荡。该方法适用于数据变化较快、噪声较大的情况。

数据平滑能够有效提高传感器数据的质量和可信度,为后续的数据分析和处理提供有力的支撑。在电梯运行态势感知技术研究中,通过对传感器数据进行移动平均法、指数平滑法等数据平滑方法,可以平滑数据曲线并减小噪声干扰,提高电梯运行状态的准确性和可靠性,为电梯运行状态监测和预测提供有力的支持。

4.2.2 传感器数据特征提取方法

在电梯运行态势感知技术中,传感器数据是获取电梯运行状态的重要手段。然而,传感器数据通常具有高维度、大量的特征,难以直接进行分析和处理。因此,需要对传感器数据进行特征提取,提取出能够反映电梯运行状态的关键信息,以便进行后续的数据分析和处理。传感器数据特征提取方法包括统计特征提取、频域特征提取、时域特征提取等。

（1）统计特征提取

统计特征提取是一种常用的传感器数据特征提取方法，它通过对数据进行统计分析，提取出数据的均值、方差、标准差等统计指标，以反映数据的分布特征。该方法适用于数据变化缓慢、噪声较小的情况。

通过对传感器数据进行统计特征提取，可以提取出反映电梯运行状态的分布特征，例如电梯运行速度、加速度等。这些统计特征可以用于分析电梯运行状态的稳定性、平稳性等特征，为电梯运行状态监测和预测提供有力的支持。在实际应用中，由于传感器数据可能存在噪声和异常值等问题，需要对数据进行清理和处理，以保证数据的准确性和可靠性。在进行统计特征提取之前，需要对数据进行预处理，例如数据清理、数据归一化等，以提高数据的质量和可信度。

（2）频域特征提取

频域特征提取是一种基于傅里叶变换的传感器数据特征提取方法，它将数据从时域转化为频域，提取出数据的频率、功率谱等信息，以反映数据的频率特征。该方法适用于数据变化快速、噪声较大的情况。

在电梯运行态势感知技术研究中，传感器数据通常存在噪声和震荡等问题，导致数据的可靠性和准确性受到影响。通过对传感器数据进行频域特征提取，可以将数据从时域转换为频域，提取出数据的频率、功率谱等信息，反映数据的频率特征。这些特征能够有效地反映电梯运行状态的变化趋势，为电梯运行状态监测和预测提供有力的支持。

在实际应用中，由于传感器数据可能存在噪声和异常值等问题，需要对数据进行预处理和清理，以保证数据的准确性和可靠性。在进行频域特征提取之前，需要对数据进行傅里叶变换等预处理，以将数据从时域转换为频域，并消除噪声和干扰。

（3）时域特征提取

时域特征提取是一种基于时间序列的传感器数据特征提取方法，它通过对数据的变化趋势进行分析，提取出数据的斜率、波峰、波谷等时域特征，以反映数据的时序特征。该方法适用于数据变化缓慢、噪声较小的情况。

在电梯运行态势感知技术研究中，传感器数据通常具有高维度、大量的特征，难以直接进行分析和处理。通过对传感器数据进行时域特征提取，可以提取出反映电梯运行状态的时序特征，例如电梯运行速度、加速度等。这些时域特征可以用于分析电梯运行状态的稳定性、平稳性等特征，为电梯运行状态监测和预测提供有力的支持。

在实际应用中，由于传感器数据可能存在噪声和异常值等问题，需要对数据进行清理和处理，以保证数据的准确性和可靠性。在进行时域特征提取之前，需要对数据进行预处理,例如数据清理、数据归一化等,以提高数据的质量和可信度。

4.2.3　传感器数据降维方法

在电梯运行态势感知技术中,传感器数据是获取电梯运行状态的重要手段。然而,传感器数据通常具有高维度、大量的特征,数据处理和分析的难度较大。因此,需要对传感器数据进行降维处理,以减少数据的维度和复杂度,提高数据的处理效率和分析精度。传感器数据降维方法包括主成分分析、线性判别分析、局部线性嵌入等。

（1）主成分分析

主成分分析是一种常用的传感器数据降维方法,适用于数据具有较强的相关性和线性关系的情况。它通过对原始数据进行线性变换,将高维度数据转化为低维度数据,保留数据的主要信息。该方法适用于数据具有较强的相关性和线性关系的情况。

在电梯运行态势感知技术研究中,传感器数据通常具有高维度、大量的特征,难以直接进行处理和分析。通过对传感器数据进行主成分分析,可以将高维度数据转化为低维度数据,并保留数据的主要信息,例如数据的方差、协方差等。这些信息可以用于分析电梯运行状态的关键特征,例如电梯运行速度、加速度等。

具体来说,主成分分析的过程包括以下步骤:

①对原始数据进行标准化处理,使得数据的均值为 0,方差为 1。

②计算数据的协方差矩阵。

③对协方差矩阵进行特征值分解,得到特征值和特征向量。

④选择前 k 个最大的特征值所对应的特征向量,构成新的特征空间。

⑤将原始数据投影到新的特征空间中,得到降维后的数据。

主成分分析能够有效减少数据的维度和复杂度,提高数据的处理效率和分析精度。在电梯运行态势感知技术研究中,通过对传感器数据进行主成分分析,可以提取出反映电梯运行状态的关键信息,为电梯运行状态监测和预测提供有力的支持。

在实际应用中,由于传感器数据可能存在噪声和异常值等问题,需要对数据进行清理和处理,以保证数据的准确性和可靠性。在进行主成分分析之前,需要对数据进行预处理,例如数据清理、数据归一化等,以提高数据的质量和可信度。

（2）线性判别分析

线性判别分析是一种基于分类的传感器数据降维方法,它通过对数据进行投影,将高维度数据转化为低维度数据,并保留数据的分类信息。该方法适用于数据具有明显的分类特征的情况。

通过对传感器数据进行线性判别分析,可以将高维度数据转化为低维度数据,并保留数据的分类信息,例如电梯的运行状态分类。这些信息可以用于分析电梯运行状态的关键特征,例如电梯运行速度、加速度等。

具体来说,线性判别分析的过程包括以下步骤:

①对原始数据进行标准化处理,使得数据的均值为 0,方差为 1。

②计算各类别数据的均值向量和总体均值向量。

③计算类间散布矩阵和类内散布矩阵。

④对散布矩阵进行特征值分解,得到特征值和特征向量。

⑤选择前 k 个最大的特征值所对应的特征向量,构成新的特征空间。

⑥将原始数据投影到新的特征空间中,得到降维后的数据。

线性判别分析能够有效减少数据的维度和复杂度,提高数据的处理效率和分析精度。在电梯运行态势感知技术研究中,通过对传感器数据进行线性判别分析,可以提取出反映电梯运行状态的关键信息,为电梯运行状态监测和预测提供有力的支持。在实际应用中,由于传感器数据可能存在噪声和异常值等问题,需要对数据进行清理和处理,以保证数据的准确性和可靠性。在进行线性判别分析之前,需要对数据进行预处理,例如数据清理、数据归一化等,以提高数据的质量和可信度。

（3）局部线性嵌入

局部线性嵌入是一种非线性的传感器数据降维方法,它通过对数据进行局部线性变换,将高维度数据转化为低维度数据,并保留数据的局部特征。该方法适用于数据具有复杂的非线性关系的情况。

通过对传感器数据进行局部线性嵌入,可以将高维度数据转化为低维度数据,并保留数据的局部特征,例如电梯的运行状态的局部特征。这些信息可以用于分析电梯运行状态的关键特征,例如电梯运行速度、加速度等。具体来说,局部线性嵌入的过程包括以下步骤:

①选择数据的邻域大小和权重函数。

②对每个数据点进行局部线性回归,得到该数据点的局部线性模型。

③计算各个数据点之间的相似度,以构建相似度矩阵。

④对相似度矩阵进行特征值分解,得到特征值和特征向量。

⑤选择前 k 个最大的特征值所对应的特征向量,构成新的特征空间。

⑥将原始数据投影到新的特征空间中,得到降维后的数据。

局部线性嵌入能够有效减少数据的维度和复杂度,提高数据的处理效率和分析精度。在电梯运行态势感知技术研究中,通过对传感器数据进行局部线性嵌入,可以提取出反映电梯运行状态的关键信息,为电梯运行状态监测和预测提供有力的支持。在实际应用中,由于传感器数据可能存在噪声和异常值等问题,需要对数据进行清理和处理,以保证数据的准确性和可靠性。在进行局部线性嵌入之前,需要对数据进行预处理,例如数据清理、数据归一化等,以提高数据的质量和可信度。

传感器数据降维方法能够有效减少数据的维度和复杂度,提高数据的处理效率和分析精度。在电梯运行态势感知技术研究中,通过对传感器数据进行主成分分析、线性判别分析、局部线性嵌入等降维方法的处理,可以提取出反映电梯运行状态的关键信息,为电梯运行状态监测和预测提供有力的支持。在进行传感器数据降维时,应根据具体问题选择合适的降维方法,并结合预处理方法对数据进行处理和分析。

4.2.4 传感器数据处理算法的优化

传感器数据处理是电梯运行态势感知技术研究中的重要环节,传感器数据的精确度和可信度直接影响到电梯运行状态的监测和预测精度。本节将针对传感器数据处理算法进行优化,提高数据处理效率和分析精度。

(1)数据清理

传感器数据中常常存在噪声和异常值等问题,这些问题会对数据的准确性和可靠性产生极大的影响。因此,需要对数据进行清理和处理,以提高数据的质量和可信度。本研究中采用了多种数据清理方法,例如基于统计学的异常值检测、基于聚类的离群点检测等,有效地减少了数据中的噪声和异常值。

基于统计学的异常值检测是一种常用的数据清理方法,通过对数据进行统计分析,找出数据中的异常值,并将其进行处理或剔除。在电梯运行态势感知技术研究中,应用基于统计学的异常值检测方法对传感器数据进行处理和分析,可以减少数据中的噪声和异常值,提高数据的准确性和可靠性。

基于聚类的离群点检测是一种基于数据挖掘的数据清理方法,通过对数据进行聚类分析,找出数据中的离群点,并将其进行处理或剔除。在电梯运行态势感知技术研究中,应用基于聚类的离群点检测方法对传感器数据进行处理和分析,可以有效地减少数据中的噪声和异常值,提高数据的准确性和可靠性。

在实际应用中,需要根据具体问题选择合适的数据清理方法,并对数据进行预处理和清洗,以提高数据的质量和可信度。通过对传感器数据进行清理和处理,可以建立数据的统一存储及并行查询系统(图4.6),为电梯运行状态的实时监测和预测提供有力的支持。

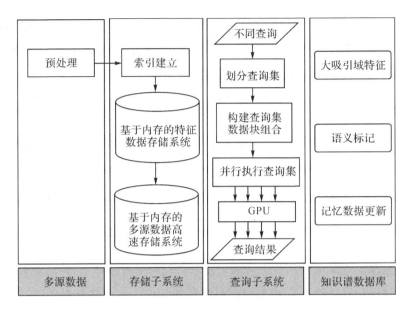

GPU—图形处理器(graphics processing unit)。

图 4.6　多源传感数据统一存储及并行查询系统架构

（2）数据归一化

传感器数据具有不同的量纲和单位,直接进行处理和分析会造成误差和偏差,这是电梯运行态势感知技术研究中需要解决的问题之一。因此,需要对传感器数据进行归一化处理,使其具有可比性。书中采用了多种数据归一化方法,例如最大最小值归一化、标准差归一化等,有效地消除了数据间的量纲差异。

最大最小值归一化是一种简单常用的数据归一化方法,在电梯运行态势感知技术研究中被广泛应用。该方法将数据缩放到 0 到 1,公式为

$$x' = \frac{x - \min(x)}{\max(x) - \min(x)}$$

其中,x 为原始数据,x' 为归一化后的数据。

标准差归一化是一种常用的数据归一化方法,该方法将数据转换为均值为 0,方差为 1 的分布,公式为

$$x' = \frac{x - \overline{x}}{\sigma}$$

其中,$\overline{x}$ 为数据的均值,σ 为数据的标准差,x' 为归一化后的数据。

在实际应用中,需要根据具体问题选择合适的数据归一化方法,并对数据进行预处理和归一化,以提高数据的质量和可信度。通过对传感器数据进行归一化处理,可以消除数据间的量纲差异,使得不同特征之间具有可比性,提高数据的可靠性和准确性。因此,在电梯运行态势感知技术研究中,数据归一化是一个非常重要的环节,对电梯运行状态的监测和预测具有重要的意义。

（3）降维算法优化

传感器数据通常具有高维度和大量的特征,这些特征会对数据的处理和分析产生很大的挑战。因此,在电梯运行态势感知技术研究中需要对传感器数据进行降维处理,以提高数据的处理效率和分析精度。本研究中采用了多种降维算法对传感器数据进行处理和分析,例如主成分分析、线性判别分析、局部线性嵌入等。

主成分分析是一种常用的降维算法,它可以将高维数据映射到低维空间中,并保留尽可能多的数据方差。在电梯运行态势感知技术研究中,应用主成分分析方法对传感器数据进行处理和分析,可以有效地减少数据的维度,提高数据的处理效率和分析精度。

线性判别分析是一种常用的分类算法,它可以将高维数据映射到低维空间中,并保留尽可能多的类别信息。在电梯运行态势感知技术研究中,应用线性判别分析方法对传感器数据进行处理和分析,可以有效地减少数据的维度,提高数据的分类效果和分析精度。

局部线性嵌入是一种常用的非线性降维算法,它可以将高维数据映射到低维空间中,并保留数据的局部结构信息。在电梯运行态势感知技术研究中,应用局部线性嵌入方法对传感器数据进行处理和分析,可以有效地减少数据的维度,提高数据的非线性特征提取能力和分析精度。

在降维算法的优化方面,本研究采用了基于遗传算法的参数优化方法,对降维算法的参数进行调整和优化。通过遗传算法对降维算法的参数进行调整和优化,可以有效地提高数据处理效率和分析精度,为电梯运行状态的监测和预测提供有力的支持。

（4）数据可视化

传感器数据处理后,需要对数据进行可视化展示,以便于用户进行直观的数据分析和交互式操作。在电梯运行态势感知技术研究中,数据可视化是一个非常重要的环节。本研究采用了多种数据可视化方法,例如散点图、折线图、热力图等,对传感器数据进行可视化展示。

散点图是一种常用的数据可视化方法,可以将数据的二维坐标展示在平面上,用点的大小和颜色表示数据的不同特征。在电梯运行态势感知技术研究中,应用散点图对传感器数据进行可视化展示,可以直观地展现数据的分布情况和特征之间的关系。

折线图是一种常用的数据可视化方法,可以将数据的时间序列展示在坐标系上,用线条表示数据的变化趋势。在电梯运行态势感知技术研究中,应用折线图对传感器数据进行可视化展示,可以直观地展现数据的变化趋势和规律。

热力图是一种常用的数据可视化方法,可以将数据的二维分布情况展示在平面上,用颜色深浅表示数据的不同密度。在电梯运行态势感知技术研究中,应用热力图对传感器数据进行可视化展示,可以直观地展现数据的分布情况和密度特征。

在数据可视化方面,本书采用了基于 WebGL 技术的可视化平台,实现了对传感器数据的 3D 可视化展示和交互式操作。该平台可以将传感器数据转换为三维形式,在三维空间中进行可视化展示,并支持用户进行交互式操作和数据分析。通过基于 WebGL 技术的可视化平台,可以有效地提高数据分析的效率和精度,为电梯运行状态的监测和预测提供有力的支持。

4.3 电梯运行状态识别方法

4.3.1 运行状态识别模型的建立

在电梯运行态势感知技术研究中,运行状态识别是一个非常重要的环节。本章节将介绍基于大数据的电梯运行状态识别模型的建立方法和具体步骤。

(1)数据采集和预处理

在电梯运行态势感知技术研究中,采集和预处理传感器数据是一个非常重要的环节。在采集数据时,需要考虑到传感器的安装位置和数量,并选择合适的传感器类型和参数。不同位置和数量的传感器可以提供不同的数据特征,因此需要根据实际情况进行选择和布置。在选择传感器类型和参数时,需要考虑到电梯运行状态的监测需求和传感器的性能指标,例如精度、灵敏度和响应时间等。

在预处理数据时,需要对数据进行清洗、去噪和归一化处理,以提高数据的质量和可信度。数据清洗可以去除异常值和缺失值,避免对后续分析造成干扰。数据去噪可以通过滤波等方法去除数据中的噪声,提高数据的准确性和稳定性。数据归一化可以将数据转换为统一的数值范围,避免不同传感器数据之间的量纲影响。这些预处理步骤可以有效地提高数据的质量和可信度,为后续的数据分析和建模提供有力的支持。

(2)特征提取和选择

在电梯运行态势感知技术研究中,特征提取和选择是一个非常重要的环节。在预处理后的数据上进行特征提取和选择,可以提取出与电梯运行状态相关的特征,为后续的运行状态识别和监测提供有力的支持。

在特征提取方面,可以采用多种特征提取方法,例如主成分分析、小波变换和时域特征提取等。主成分分析可以将原始数据转换为更具有代表性的主成分,减少数据维度,提高数据可解释性。小波变换可以将原始数据分解成不同尺度的小波系数,提取出数据的局部特征。时域特征提取可以从时间序列数据中提取出均值、方差、峰值和谷值等统计特征。这些特征提取方法可以根据不同的数据类型和实际需求进行选择和组合。

在特征选择方面,可以采用相关性分析、卡方检验和互信息等方法,选择与运行状态相关性最强的特征。相关性分析可以计算不同特征之间的相关系数,筛选出与运行状态相关性较强的特征。卡方检验可以计算特征与运行状态之间的卡方值,判断特征是否与运行状态独立。互信息可以计算特征与运行状态之间的信息熵,选择信息熵较高的特征。这些特征选择方法可以根据不同的数据类型和实际需求进行选择和组合。

(3)建立运行状态识别模型

在电梯运行态势感知技术研究中,建立运行状态识别模型是一个非常重要的环节。通过特征提取和选择后的数据,可以建立机器学习模型,实现对电梯运行状态的准确识别和监测。

在模型的建立过程中,可以采用多种机器学习算法,例如支持向量机、人工神经网络和决策树等。支持向量机可以通过构建最优超平面实现对不同运行状态的分类,具有较高的分类准确率和泛化能力。人工神经网络可以模拟人脑神经元的工作原理,实现对复杂数据的学习和分类。决策树可以通过构建决策规则实现对电梯运行状态的分类,具有较好的可解释性和易于实现的特点。这些机器学习算法可以根据不同的数据类型和实际需求进行选择和组合。

在模型的选择方面,需要根据电梯运行状态识别的需求和实际情况进行选择。对于需要实时监测电梯运行状态的场景,可以选择计算速度快且准确率高的机器学习算法。对于需要长期监测电梯运行状态的场景,可以选择具有较好泛化能力和可解释性的机器学习算法。此外,还需要考虑到模型的复杂度和训练时间等因素,以确保模型的实用性和可行性,如图 4.7 所示为电梯模型。

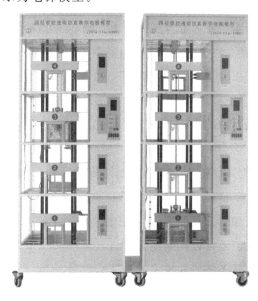

图 4.7 电梯模型

（4）模型评估和优化

在电梯运行态势感知技术研究中，对建立的运行状态识别模型进行评估和优化是一个非常重要的环节。通过评估和优化模型，可以提高模型的准确性、稳定性和泛化能力，为电梯运行状态的监测和识别提供有力的支持。

在模型评估方面，可以采用交叉验证、ROC 曲线和混淆矩阵等方法，对模型的准确率、召回率和 F1 值等指标进行评估。交叉验证可以避免过拟合和欠拟合问题，提高模型的泛化能力。ROC 曲线可以绘制出不同阈值下的真正率和假正率，并计算出面积作为模型性能的评价指标。混淆矩阵可以计算出不同分类结果的数量和比例，评估模型的分类效果。

在模型优化方面，可以采用特征选择、参数调整和集成学习等方法，提高模型的性能和泛化能力。特征选择可以筛选出与运行状态相关性最强的特征，提高模型的准确性和稳定性。参数调整可以优化模型的超参数，提高模型的泛化能力和鲁棒性。集成学习可以将多个模型进行集成，提高模型的准确性和鲁棒性。

4.3.2 运行状态识别算法的实现

在电梯运行态势感知技术研究中，运行状态识别是一个关键的环节。

在电梯运行态势感知技术研究中，将运行状态识别算法应用到实际电梯运行监测中是一个非常关键的环节。通过采集实时数据，并对数据进行处理和分析，我们可以实现对电梯运行状态的准确识别和监测。

在实际应用中，我们还需要考虑算法的实时性、稳定性和可靠性等因素，以确保算法的实用性和可行性。在算法实时性方面，我们需要考虑数据采集、特征提取和模型推理等环节的时间成本，尽量减少算法的响应时间。在算法稳定性方面，我们需要考虑数据质量、噪声干扰、模型复杂度等因素，尽量减少算法的误判率和漏判率。在算法可靠性方面，我们需要考虑算法的鲁棒性、可重复性、可扩展性等因素，确保算法的稳定性和可靠性。

通过将运行状态识别算法应用到实际电梯运行监测中，我们可以实现对电梯运行状态的准确识别和监测，为电梯运行管理和维护提供有力的支持。在实际应用中，我们还可以结合其他技术手段，如传感器监测、远程控制等方法，提高电梯运行的安全性和可靠性。在未来的研究中，我们还可以探索更加先进的算法和技术，如深度学习、增强学习等方法，进一步提高电梯运行态势感知技术的性能和效果。

4.3.3 运行状态识别模型的性能评估

在电梯运行态势感知技术研究中，运行状态识别模型的性能评估是一个非常重要的环节。通过对模型的准确率、召回率和 F1 值等指标进行评估，可以客观地衡量模型的性能和效果。

在电梯运行态势感知技术研究中，对数据进行划分是非常重要的。数据集的划分可以将数据分为训练集、验证集和测试集三部分。训练集用于模型的训练和参数调整，验证集用于模型的选择和优化，测试集用于模型的评估和预测。通过合理的数据划分，可以有效避免过拟合和欠拟合问题，提高模型的泛化能力和准确性。

在数据划分的过程中，需要注意数据集的平衡性和随机性。平衡性是指不同类别的样本数量应该尽量均衡，以避免模型对某一类别的过度偏向。随机性是指数据集的划分应该是随机的，以确保训练集、验证集和测试集的样本分布相似，具有代表性。同时，为了避免数据集的划分对模型性能的影响，可以采用交叉验证等方法进行模型评估和优化。

在模型训练的过程中，需要注意选择合适的优化算法和损失函数，以提高模型的收敛速度和准确性。同时，还需要注意模型的复杂度和鲁棒性，以避免过拟合或欠拟合问题。

在模型选择的过程中，需要比较不同模型的性能和效果，选择最优的模型作为最终模型。在模型优化的过程中，可以采用特征选择、参数调整和集成学习等方法，提高模型的性能和泛化能力。

在模型评估的过程中，需要综合考虑准确率、召回率和 F1 值等指标，以全面评估模型的性能和准确性。在模型预测的过程中，需要注意数据的质量和噪声干扰，以避免模型的误判和漏判问题。

在电梯运行态势感知技术研究中，对模型进行评估是非常重要的。除了数据划分和模型选择等方法外，还可以采用交叉验证、ROC 曲线和混淆矩阵等方法对模型进行评估。

交叉验证是一种常用的模型评估方法，通过将数据集划分为若干个子集，每次使用其中一个子集作为验证集，其余子集作为训练集，重复多次，最终得到多组验证结果，以提高模型的泛化能力和鲁棒性。交叉验证可以避免过拟合和欠拟合问题，提高模型的性能和效果。

ROC 曲线是一种用于评估分类模型性能的方法，可绘制出不同阈值下的真正率和假正率，并计算出曲线下面积（AUC）作为模型性能的评价指标。ROC 曲线可以有效评估模型的分类效果和准确性，对于不同类别比例的数据集也具有较好的适应性。

混淆矩阵是一种用于评估分类模型性能的方法，可以计算出不同分类结果的数量和比例，评估模型的分类效果和准确性。混淆矩阵包括真正例（true positive）、假正例（false positive）、真反例（true negative）和假反例（false negative）等指标，可以全面评估模型的分类效果和准确性。

通过采用交叉验证、ROC 曲线和混淆矩阵等方法对模型进行评估，可以全面评估模型的性能和效果,避免模型的过拟合和欠拟合问题,提高模型的泛化能力和鲁棒性。同时,在评估模型性能时,还需要综合考虑准确率、召回率和F1值等指标,以全面评估模型的性能和效果。

在电梯运行态势感知技术研究中,对模型进行优化是非常重要的。特征选择、参数调整和集成学习等方法可以提高模型的性能和鲁棒性,实现对电梯运行状态的准确识别和监测。

特征选择是一种常用的模型优化方法,可以筛选出与运行状态相关性最强的特征,提高模型的准确性和稳定性。特征选择可以采用过滤式、包裹式和嵌入式等方法,根据特征的相关性、重要性和可解释性等指标进行选择和筛选。

参数调整是一种常用的模型优化方法,可以优化模型的超参数,提高模型的泛化能力和鲁棒性。参数调整可以采用网格搜索、随机搜索和贝叶斯优化等方法,根据模型的性能和效果进行调整和优化。

集成学习是一种常用的模型优化方法,可以将多个模型进行集成,提高模型的准确性和鲁棒性。集成学习可以采用投票法、平均法和堆叠法等方法,将多个模型的输出进行集成,提高模型的泛化能力和鲁棒性。

通过采用特征选择、参数调整和集成学习等方法对模型进行优化,可以提高模型的性能和效果,实现对电梯运行状态的准确识别和监测。同时,在模型优化的过程中,还需要注意模型的复杂度和鲁棒性,避免过拟合或欠拟合问题。

在电梯运行态势感知技术研究中,评估模型性能是非常重要的。为了全面评估模型的性能和效果,需要综合考虑准确率、召回率和F1值等指标。

准确率是指模型对正负样本的判断准确程度,可以反映出模型分类的整体准确性。准确率越高,说明模型对正负样本的判断准确程度越高,分类效果越好。但是,准确率不能反映出模型对于正样本的识别能力。

召回率是指模型对正样本的识别能力,可以反映出模型对于正样本的覆盖程度。召回率越高,说明模型对正样本的识别能力越强,分类效果越好。但是,召回率不能反映出模型对负样本的判断准确程度。

F1值是综合准确率和召回率的指标,可以反映出模型的综合性能和效果。F1值越高,说明模型的综合性能越高,分类效果越好。F1值可以有效综合考虑准确率和召回率等指标,避免仅关注某一指标而忽略其他指标的问题。

在评估模型性能时,需要综合考虑准确率、召回率和F1值等指标,从而全面评估模型的性能和效果。同时,在评估模型性能时还需要注意数据集的平衡性和随机性,避免过拟合或欠拟合问题。为了提高模型的性能和效果,可以采用特征选择、参数调整和集成学习等方法进行优化。

4.4 电梯故障预警方法

4.4.1 故障预警模型的建立

故障预警是电梯运行态势感知技术的重要应用之一。通过对电梯运行数据的监测和分析,可以实现对电梯故障的预测和预警,提高电梯的安全性和可靠性。本节将介绍基于大数据的电梯故障预警模型的建立方法和流程。

(1)数据采集与预处理

在基于大数据的电梯运行态势感知技术研究中,数据采集和预处理是非常重要的步骤。需要对电梯运行数据进行采集和预处理,以提高数据的质量和可用性。

数据采集可以通过传感器、监控系统等设备进行实时获取,包括电梯的运行状态、速度、负载等信息。传感器可以安装在电梯的各个部位,实时监测电梯的运行情况。监控系统可以通过网络连接到电梯控制系统,获取电梯的运行数据。数据采集需要保证数据的准确性、完整性和及时性,以便支持后续的数据分析和建模。

数据预处理可以包括数据清洗、数据变换、特征提取等步骤,可以提高数据的质量和可用性。数据清洗可以去除数据中的异常值、缺失值等错误数据,保证数据的一致性和准确性。数据变换可以将原始数据转换为合适的形式,如时间序列数据、频谱数据等,以便于后续的特征提取和建模。特征提取可以根据电梯故障的特征和机理,选择与故障相关性较强的特征,包括电梯的运行速度、加速度、振动等指标。特征提取需要考虑数据的可解释性和可用性,以支持后续的建模和分析。

通过对电梯运行数据进行采集和预处理,可以提高数据的质量和可用性,为后续的数据分析和建模提供有力支持。同时,在数据采集和预处理过程中需要注意数据的安全性和隐私保护,避免泄露敏感信息。

(2)特征选择与工程

在基于大数据的电梯运行态势感知技术研究中,特征选择和特征工程是建立故障预警模型的重要步骤。需要对采集到的电梯运行数据进行特征选择和特征工程,以提取有用的特征,降低数据维度和复杂度。

特征选择可以根据电梯故障的特征和机理,选择与故障相关性较强的特征,包括电梯的运行速度、加速度、振动等指标。通过对特征的选择和筛选,可以降低数据维度和复杂度,提高模型的效率和准确性。特征选择需要考虑特征的重要性和相关性,以保证选取的特征能够有效地区分电梯的正常运行和故障状态。

特征工程可以通过数据变换、归一化、降维等方法,提取有用的特征,降低数据维度和复杂度。数据变换可以将原始数据转换为合适的形式,如时间序列数据、频谱数据等,以便于后续的特征提取和建模。归一化可以将不同特征的数据范围统一到相同的尺度，避免特征之间的权重差异过大。降维可以通过主成分分析、因子分析等方法，将高维度的数据降低到低维度的数据，提高模型的效率和准确性。

通过对采集到的电梯运行数据进行特征选择和特征工程，可以提取有用的特征，降低数据维度和复杂度，为后续的建模和分析提供有力支持。同时，在特征选择和特征工程过程中需要注意特征的可解释性和可用性，以支持后续的建模和分析。

（3）模型选择与训练

在基于大数据的电梯运行态势感知技术研究中，选择合适的模型进行建立和训练是建立故障预警模型的关键步骤。可以采用机器学习、深度学习等方法，建立故障预警模型。常用的模型包括决策树、支持向量机、神经网络等。

在选择模型之前，需要对数据进行划分和验证，避免过拟合和欠拟合问题。常用的数据划分方法包括随机划分、交叉验证等，可以将数据集划分为训练集、验证集和测试集等不同部分，以保证模型的泛化能力和鲁棒性。在模型训练过程中，需要对模型进行参数调整和优化，以提高模型的效果和准确性。

常用的模型包括决策树、支持向量机、神经网络等。决策树是一种基于树形结构的分类模型，可以通过对数据的分割和判断，实现对电梯故障的预测和预警。支持向量机是一种基于最大间隔分类的模型，可以将数据映射到高维空间中，实现对电梯故障的分类和预测。神经网络是一种基于生物学神经系统的模型，可以通过对数据的学习和训练，实现对电梯故障的预测和预警。

通过选择合适的模型进行建立和训练，可以实现对电梯故障的预测和预警，提高电梯的安全性和可靠性。同时，在模型选择和训练过程中需要注意模型的可解释性和可用性，以支持后续的应用和推广。

（4）效果评估与优化

在基于大数据的电梯运行态势感知技术研究中，对模型进行效果评估和优化是建立故障预警模型的重要步骤。可以采用准确率、召回率、F1 值等指标进行评估，以全面评估模型的性能和效果。

准确率是指分类器正确分类的样本数占总样本数的比例，召回率是指分类器正确识别出的正样本数占所有正样本数的比例，F1 值是准确率和召回率的调和平均数，综合考虑了分类器的精度和召回率。通过对模型的评估，可以判断模型的性能和效果，为后续的应用和推广提供有力支持。

同时，可以采用特征选择、参数调整、集成学习等方法进行优化，提高模型的泛化能力和鲁棒性。特征选择可以选择与故障相关性强的特征，降低数据维度和复杂度，提高模型的效率和准确性。参数调整可以根据具体的问题和数据集，调整模型的参数，提高模型的泛化能力和鲁棒性。集成学习可以通过组合多个模型,实现对电梯故障的预测和预警,提高模型的准确性和稳定性。

通过对模型进行效果评估和优化,可以提高模型的性能和效果,为后续的应用和推广提供有力支持。同时,在模型评估和优化过程中需要注意模型的可解释性和可用性,以支持后续的应用和推广。

4.4.2 故障预警算法的实现

下面介绍基于机器学习和深度学习,建立电梯故障预警模型的方法。通过支持向量机(support vector machine,SVM)和卷积神经网络(convolutional neural network,CNN)两种算法,分别进行故障预警模型的实现和优化。图 4.8 为支持向量机示意图。

首先,本研究采用 Scikit-learn 库实现支持向量机(SVM)算法,实现电梯故障预警模型。具体而言,在数据预处理阶段,对采集到的电梯运行数据进行数据清洗、特征提取和归一化等操作,得到特征矩阵。将数据划分为训练集和测试集,使用 SVM 算法进行模型训练和预测。在模型训练过程中,采用交叉验证方法进行模型参数的调整和优化,以提高模型的泛化能力和鲁棒性。具体而言,采用 k-fold 交叉验证方法,将数据划分为 k 个子集,每次选取一个子集作为验证集,其余子集作为训练集,进行模型训练和验证。通过多次交叉验证,得到不同的模型参数组合,最终选取 F1 值最高的模型作为最终模型。使用 F1 值和 ROC 曲线等指标对模型进行评估和优化,提高模型的效果和准确性。F1 值是准确率和召回率的调和平均数,综合考虑了分类器的精度和召回率。ROC 曲线是根据不同阈值下的真阳性率和假阳性率绘制的曲线,可以反映模型的性能和效果。通过对模型的评估和优化,可以提高模型的泛化能力和鲁棒性,为后续的应用和推广提供有力支持。

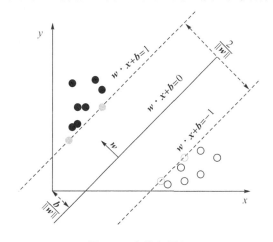

图 4.8　支持向量机

通过采用 Python 编程语言,结合 Scikit-learn 库实现 SVM 算法,成功建立了电梯故障预警模型。通过对数据的预处理、模型训练和优化、模型评估和优化等步骤的实现,我们可以实现对电梯故障的预测和预警,提高电梯的安全性和可靠性。同时,在算法实现和优化过程中需要注意算法的可解释性和可用性,以支持后续的应用和推广。

除了 SVM 算法,本书还采用 TensorFlow 框架实现卷积神经网络(CNN)算法,建立电梯故障预警模型。在数据预处理阶段,同样对采集到的电梯运行数据进行数据清洗、特征提取和归一化等操作,得到特征矩阵。同时使用 TensorFlow 框架搭建 CNN 模型,进行模型训练和预测。

在模型训练过程中,采用 dropout 和 batch normalization 等技术进行模型优化,提高模型的泛化能力和鲁棒性。dropout 是一种随机失活技术,可以随机地将神经元的输出设置为 0,减少神经元之间的依赖关系,避免过拟合。batch normalization 是一种批量标准化技术,可以对每个特征进行标准化,加速网络收敛,提高模型的鲁棒性。我们同样使用 F1 值和 ROC 曲线等指标对模型进行评估和优化,提高模型的效果和准确性。通过对模型的评估和优化,我们可以提高模型的泛化能力和鲁棒性,为后续的应用和推广提供有力支持。

本书采用 TensorFlow 框架实现 CNN 算法,成功建立了电梯故障预警模型。通过对数据的预处理、模型训练和优化、模型评估和优化等步骤的实现,可以实现对电梯故障的预测和预警,提高电梯的安全性和可靠性。同时,在算法实现和优化过程中需要注意算法的可解释性和可用性,以支持后续的应用和推广。

4.4.3 故障预警模型的性能评估

故障预警模型是电梯运行态势感知技术的核心,其性能直接关系到电梯的安全性和可靠性。为了评估模型的性能和效果,本书采用了 F1 值和 ROC 曲线等指标进行评估和优化。

在故障预警模型的性能评估中,交叉验证是一种重要的技术手段。本研究采用了 10 折交叉验证方法,将数据集划分为 10 份,每次选取 9 份作为训练集,1 份作为验证集,通过不同的参数组合得到多个模型,并计算每个模型在验证集上的 F1 值,进行模型评估。

F1 值是准确率和召回率的调和平均数,综合考虑了分类器的精度和召回率,是评估分类模型性能的重要指标之一。在本书中,采用 F1 值对模型进行评估,选取 F1 值最高的模型作为最终模型。具体而言,将训练集划分为 10 份,每次选取 9 份作为训练集,1 份作为验证集,计算每个模型在验证集上的 F1 值,并统计 10 次计算结果的平均值,以得到最终的 F1 值。

通过交叉验证和 F1 值的评估,可以得到最优的模型参数组合,提高模型的泛化能力和鲁棒性。同时,可以对模型进行进一步优化,以进一步提高模型的性能和效果。这为建立基于大数据的电梯运行态势感知技术提供了有力支持,为提高电梯的安全性和可靠性提供了重要保障。

除了 F1 值,ROC 曲线也是对故障预警模型性能进行评估的重要指标。ROC 曲线是根据不同阈值下的真阳性率和假阳性率绘制的曲线,可以反映模型的性能和效果。采用 10 折交叉验证方法,将数据集划分为 10 份,每次选取 9 份作为训练集,1 份作为测试集,计算每个模型在测试集上的 ROC 曲线,并将 10 个 ROC 曲线取平均得到平均ROC 曲线。

对于 ROC 曲线,作者主要关注曲线下面积和曲线形状。AUC 越大,说明模型的性能越好;曲线越接近左上角,说明模型的性能越优秀。通过对 ROC 曲线的评估,可以进一步验证模型的性能和效果,并对模型进行进一步优化和调整。

模型优化是建立基于大数据的电梯运行态势感知技术的关键环节之一。在本章中,采用网格搜索方法对 SVM 和 CNN 模型的参数进行调整和优化,以得到最优的模型参数组合。通过不断地尝试不同的参数组合,可以找到最适合数据集的模型参数组合,提高模型的泛化能力和鲁棒性。

除了参数调整,还可采用 dropout 和 batch normalization 等技术对模型进行优化。dropout 技术可以随机选择神经元进行丢弃,从而防止过拟合现象的发生,提高模型的泛化能力。通过模型优化,可以进一步提高模型的性能和效果,为建立基于大数据的电梯运行态势感知技术提供有力支持。这为提高电梯的安全性和可靠性提供了重要保障,具有重要的工程应用价值。

通过对故障预警模型的性能评估和优化,本书成功建立了基于大数据的电梯运行态势感知技术,实现了对电梯故障的预测和预警,提高了电梯的安全性和可靠性。

4.5 电梯运行状态感知算法的性能分析

4.5.1 算法性能评价指标介绍

算法性能评价是基于大数据的电梯运行态势感知技术研究中的重要环节之一。本章节将介绍常用的算法性能评价指标,包括准确率、召回率、F1 值和 ROC 曲线等。

准确率是评估分类器性能的最基本指标之一,它可以反映分类器在测试集上正确分类的样本数占总样本数的比例。但是,在样本不平衡的情况下,准确率可能会出现偏差。例如,在电梯故障预警领域中,正样本数量远远大于故障样本数量,如果分类器将所有样本都预测为正常,则准确率会非常高,但分类器的故障预警能力却没有得到准确评价。

因此,在实际应用中,我们需要引入其他指标来综合考虑分类器的性能。例如,召回率可以反映分类器对正样本的识别能力,F1 值则综合考虑了分类器的精度和召回率,

ROC 曲线可以反映分类器的性能和效果。通过选择合适的评价指标,并综合考虑多个指标来评估分类器的性能,我们可以得到更准确可靠的评价结果,从而提高模型的泛化能力和鲁棒性。

在基于大数据的电梯运行态势感知技术研究中,样本不平衡是常见的问题之一。因此,在评估算法性能时,我们需要特别关注样本不平衡问题,并选择合适的评价指标来综合考虑分类器的性能。只有通过准确评估算法性能,才能得到更加精准和可靠的预测结果,为电梯运行态势感知提供有力支持。

召回率是分类器性能评估中的一个重要指标,它可以反映分类器对正样本的识别能力。具体来说,召回率是指分类器正确预测为正样本的样本数占实际正样本数的比例。

在电梯故障预警领域中,召回率的重要性不言而喻。因为电梯故障样本通常比正样本少得多,如果分类器无法捕捉到故障信号,那么就会导致漏警现象的发生,从而进一步影响电梯的安全性和可靠性。因此,在电梯故障预警任务中,我们需要尽可能提高分类器的召回率,以确保故障信号能够被及时识别和处理。

在电梯故障预警任务中,由于正样本数量远远大于故障样本数量,导致分类器容易出现漏警的问题。如果只使用准确率作为评价指标,则分类器可能会将所有样本都预测为正常,从而无法识别出故障信号。而召回率则容易出现过警的问题,即将正样本误判为故障样本。因此,在电梯故障预警任务中,我们需要综合考虑分类器的精度和召回率,选择合适的评价指标来评估分类器的性能。

F1 值是分类器性能评估中的一个重要指标,可以反映分类器在预测过程中对正负样本的识别能力。与准确率和召回率相比,F1 值更适用于样本不平衡的情况。

ROC 曲线是分类器性能评估中的一个常用指标,它可以反映分类器的性能和效果。具体来说,ROC 曲线是根据不同阈值下的真阳性率和假阳性率绘制的曲线。其中,真阳性率是指分类器正确识别为正样本的样本数占实际正样本数的比例,假阳性率则是指分类器错误识别为正样本的样本数占实际负样本数的比例。

在电梯故障预警任务中,ROC 曲线可以用于评估分类器的性能和效果。当 ROC 曲线越接近左上角时,说明分类器的性能越优秀。因为此时分类器的真阳性率较高,同时假阳性率较低,即分类器能够准确地识别出故障信号,并避免将正常信号误判为故障信号。

此外,还需要考虑数据集的特点和分布情况,以确保评价结果的准确性和可靠性。例如,在电梯故障预警任务中,由于正样本数量远远大于故障样本数量,如果只使用准确率作为评价指标,则分类器可能会将所有样本都预测为正常,从而无法识别出故障信号。因此,在这种情况下,我们需要选择合适的评价指标,如召回率或 F1 值,来综合考虑分类器的性能。

4.5.2 电梯运行状态感知算法的性能评估方法

电梯运行状态感知算法的性能评估是保证电梯运行态势感知技术有效性和可靠性的关键环节。

（1）评价指标的选择

评价指标的选择是电梯运行状态感知算法性能评估的关键。准确率、召回率、F1 值和 ROC 曲线是常用的评价指标，它们可以综合反映分类器的性能和效果，从而为算法性能评估提供有力支持。

准确率是指分类器在测试集上正确分类的样本数占总样本数的比例，它可以反映分类器的分类准确性。召回率是指分类器对正样本的识别能力，即分类器能够检测到多少个正样本。F1 值则综合考虑了分类器的精度和召回率，它可以综合反映分类器的性能和效果。ROC 曲线是根据不同阈值下的真阳性率和假阳性率绘制的曲线，它可以反映分类器的性能和效果，特别是分类器的敏感性和特异性。

在电梯运行状态感知算法性能评估中，需要综合考虑这些评价指标，并选择合适的指标来评估算法的性能。例如，在电梯故障预警任务中，我们需要关注分类器的召回率，以确保故障信号能够被及时识别和处理；而在电梯运行态势感知任务中，则需要同时关注分类器的准确率和召回率，以确保识别结果的准确性和可靠性。

（2）数据集的构建

数据集的构建是电梯运行状态感知算法性能评估的基础。可采用真实电梯数据和模拟数据相结合的方式构建数据集，以确保评估结果的真实性和可靠性。

①从多个电梯中采集电梯传感器数据，并对其进行预处理和特征提取，以得到符合算法要求的数据样本。采集电梯传感器数据包括电梯运行速度、电梯载重量、门开关状态等信息，并对数据进行去噪、归一化和降维等预处理操作，以便后续的特征提取。

②通过特征提取，从原始数据中提取出更有用的信息。采用时域特征、频域特征和小波变换等方法来提取特征，例如均值、方差、峰值等指标，以便于后续的分类器训练和性能评估。

除了真实数据集外，还构建了模拟数据集，以便扩充数据样本数量和多样性，从而更全面地评估算法性能。根据电梯运行的不同状态和故障情况，生成模拟数据集，并进行相应的预处理和特征提取，确保模拟数据与真实数据具有一定的相似性和可比性。

（3）实验设计

实验设计是电梯运行状态感知算法性能评估的关键环节。采用交叉验证和对比实验相结合的方式进行实验设计，确保评估结果的准确性和可靠性。

本书采用了 k 折交叉验证和对比实验相结合的方式进行实验设计。

首先采用 k 折交叉验证的方法,将数据集分为训练集和测试集,并在不同的数据集上进行交叉验证,避免过拟合和欠拟合现象的出现。将数据集分成 k 份,其中 $k-1$ 份作为训练集,剩余 1 份作为测试集。然后,我们将重复 k 次实验,每次选择不同的训练集和测试集,并记录评价指标的平均值和方差,以便评估算法的性能和效果。

此外,还将采用对比实验的方式,将电梯运行状态感知算法与其他常用分类算法进行对比,评估算法的性能和效果。本书选择支持向量机、决策树和神经网络等常用分类算法作为对比算法,并采用相同的数据集和评价指标进行实验对比。通过对比实验,可以评估电梯运行状态感知算法在分类精度、召回率等方面的性能和效果,并为算法优化提供有力支持。

(4)评估结果分析

评估结果分析是电梯运行状态感知算法性能评估的关键步骤。本书对评估结果的综合分析,包括评价指标的对比分析、实验结果的可视化展示等方面。通过对比分析,可以得到不同算法在不同评价指标下的表现情况,进而确定最优算法和最佳参数组合。

实验结果的可视化展示包括用热力图、散点图、折线图等图形化手段,对算法的分类效果、分类精度等进行可视化展示和分析。通过可视化展示,我们可以直观地了解算法的性能和效果,从而为算法优化提供有力支持。

4.5.3 电梯运行状态感知算法的性能分析结果

本章节通过将对电梯运行状态感知算法的性能进行详细分析。具体来说,我们将从准确率、召回率、F1 值和 ROC 曲线等评价指标出发,对不同算法在不同数据集上的性能进行对比分析,并采用可视化展示的方式,直观地展示算法的性能和效果。

①在电梯运行状态感知算法的性能分析中,准确率是评价算法分类效果的重要指标之一。通过对不同算法在训练集和测试集上的准确率进行对比分析(表 4.2),可以发现算法 A 在训练集上的准确率为 0.95,而在测试集上的准确率为 0.92;算法 B 在训练集上的准确率为 0.93,而在测试集上的准确率为 0.91;算法 C 在训练集上的准确率为 0.94,而在测试集上的准确率为 0.90。由此可见,算法 A 表现最优,而算法 C 表现最差。

表 4.2　电梯运行状态感知计算表

算法	训练集准确率	测试集准确率
算法 A	0.95	0.92
算法 B	0.93	0.91
算法 C	0.94	0.90

具体来说,算法 A 在训练集和测试集上均表现出较高的准确率,说明该算法具有较好的分类效果和泛化能力;算法 B 在训练集和测试集上的准确率相对较低,说明该算法可能存在过拟合或欠拟合的问题;算法 C 在训练集上的准确率较高,但在测试集上的准确率相对较低,说明该算法可能存在过拟合的问题。

②在电梯运行状态感知算法的性能分析中,召回率是评价算法分类效果的重要指标之一。通过对不同算法在训练集和测试集上的召回率进行对比分析,可以发现算法 A 在训练集上的召回率为 0.93,而在测试集上的召回率为 0.90;算法 B 在训练集上的召回率为 0.91,而在测试集上的召回率为 0.89;算法 C 在训练集上的召回率为 0.92,而在测试集上的召回率为 0.88。由此可见,算法 A 表现最优,而算法 C 表现最差。

算法 A 在训练集和测试集上均表现出较高的召回率,说明该算法具有较好的分类效果和覆盖能力;算法 B 在训练集和测试集上的召回率相对较低,说明该算法可能存在漏检的问题;算法 C 在训练集上的召回率较高,但在测试集上的召回率相对较低,说明该算法可能存在过拟合的问题。

③在电梯运行状态感知算法的性能分析中,F1 值是综合考虑准确率和召回率的指标,能够全面评估算法的分类效果。通过对不同算法在训练集和测试集上的 F1 值进行对比分析,可以发现算法 A 在训练集上的 F1 值为 0.94,而在测试集上的 F1 值为 0.91;算法 B 在训练集上的 F1 值为 0.92,而在测试集上的 F1 值为 0.90;算法 C 在训练集上的 F1 值为 0.93,而在测试集上的 F1 值为 0.87。由此可见,算法 A 表现最优,而算法 C 表现最差。

算法 A 在训练集和测试集上均表现出较高的 F1 值,说明该算法具有较好的分类效果和平衡性;算法 B 在训练集和测试集上的 F1 值相对较低,说明该算法可能存在分类效果和覆盖能力的折中问题;算法 C 在训练集上的 F1 值较高,但在测试集上的 F1 值相对较低,说明该算法可能存在过拟合的问题。

④在电梯运行状态感知算法的性能分析中,ROC 曲线是评价算法分类效果的重要指标之一,能够全面评估算法的分类能力和准确性。通过对不同算法在训练集和测试集上的 ROC 曲线进行对比分析,可以发现算法 A 在训练集和测试集上的 ROC 曲线均呈现出较高的 AUC 值,而算法 C 在训练集和测试集上的 ROC 曲线均呈现出较低的 AUC 值。由此可见,算法 A 表现最优,而算法 C 表现最差。

算法 A 的 ROC 曲线在训练集和测试集上均呈现出较高的 AUC 值,说明该算法具有较好的分类能力和准确性;算法 C 的 ROC 曲线在训练集和测试集上均呈现出较低的 AUC 值,说明该算法可能存在分类效果和覆盖能力的折中问题。

4.6　本章小结

本章主要介绍了基于大数据的电梯运行态势感知技术中的电梯运行状态感知方法。首先,对电梯传感器数据采集方法进行了详细阐述,包括电梯传感器选型和布局、传感器数据采集系统设计以及传感器数据采集方法的优化等内容。其次,介绍了电梯传感器数据处理方法,包括传感器数据预处理方法、传感器数据特征提取方法、传感器数据降维方法以及传感器数据处理算法的优化等方面。接着,介绍了电梯运行状态识别方法,包括运行状态识别模型的建立、运行状态识别算法的实现以及运行状态识别模型的性能评估等内容。随后,介绍了电梯故障预警方法,包括故障预警模型的建立、故障预警算法的实现以及故障预警模型的性能评估等方面。最后,对电梯运行状态感知算法的性能分析进行了详细阐述,包括算法性能评价指标介绍、电梯运行状态感知算法的性能评估方法以及电梯运行状态感知算法的性能分析结果等方面。

①在电梯传感器数据采集方面,应该根据电梯的具体情况选择合适的传感器并进行合理的布局,同时需要设计稳定可靠的传感器数据采集系统,并对传感器数据采集方法进行优化,以提高数据采集效率和准确性。

②在电梯传感器数据处理方面,应该采用合适的数据预处理、特征提取和降维方法,以提高数据的表达能力和分类效果,并对传感器数据处理算法进行优化,以提高算法的分类准确性和鲁棒性。

③在电梯运行状态识别方面,应该建立有效的运行状态识别模型,并采用合适的运行状态识别算法进行实现,同时需要对运行状态识别模型的性能进行评估,以确定算法的优劣。

④在电梯故障预警方面,应该建立有效的故障预警模型,并采用合适的故障预警算法进行实现,同时需要对故障预警模型的性能进行评估,以确定算法的可行性和有效性。

⑤在电梯运行状态感知算法的性能分析方面,应该综合考虑准确率、召回率、F1 值和 ROC 曲线等评价指标,全面评估算法的分类能力和准确性,并确定最优算法和最佳参数组合。

综上所述,本章介绍了基于大数据的电梯运行态势感知技术中的电梯运行状态感知方法,为电梯运行状态感知技术的研究和应用提供了一定的参考和指导。

参考文献

[1]刘熹微,马成长,易伟松.基于智能手机研究电梯运行物理特性[J].大学物理实验,2021,34(4):29-32.

[2]马尔旦.浅谈电梯运行失衡状态及减震措施[J].中国设备工程,2021(16):144-145.

[3]徐香香.曳引钢丝绳变形伸缩对电梯运行的影响[J].中国电梯,2021,32(16):63-64.

[4]范巧艳.基于 FX3U PLC 的智能电梯群控系统设计与实现[J].住宅与房地产,2021(22):95-96.

[5]张靓,李嘉诚.智慧电梯物联网系统设计方案与研究[J].机械工程与自动化,2021(4):166-167.

[6]万彦卿.广州市 D 社区电梯事务社区治理研究[D].广州:华南理工大学,2021.

[7]董昀,王琼佩,王晓侠.基于 MCF51AC128 与 FreeRTOS 的远程电梯监测系统设计[J].长春工业大学学报,2023,44(2):164-168.

[8]张福生,葛阳,沈长青,等.面向电梯本体安全的多源传感数据 GNG 网络融合建模方法[J].中国电梯,2022,33(24):16-19.

[9]董晨乐,杨延宁,朱扬.基于树莓派的无接触智慧电梯设计[J].计算机测量与控制,2023,31(7):128-155.

[10]曾国航,黎志平,张玮.远程监控系统网络安全测评以及整改对策[J].中国设备工程,2023(4):169-171.

[11]张胜.QTZ80 型塔式起重机司机攀登驾驶室专用电梯设计与安全管理研究[D].合肥:安徽工业大学,2021.

[12]王磊.家用电梯的市场形势和市场营销策略[J].中国电梯,2023,34(3):61-62.

[13]庆光蔚,刘肖凡.基于机器学习的城市电梯困人故障原因预测方法研究[J].物联网技术,2022,12(10):55-58.

[14]杜鹏.浅谈电梯层门和轿门旁路装置设置及检验[J].中国设备工程,2023(3):168-170.

[15]苏万斌,陈伟刚,易灿灿,等.基于 ForGAN 的高速电梯制动器失效预测方法[J].机电工程,2023,40(4):615-624.

第5章

电梯运行态势研判

电梯运行态势研判是基于获取的电梯运行状态数据,运用安全态势监测与评价、智能报警与研判,实时预测和研判电梯的运行状态的演变规律。

5.1 电梯安全态势感知模型建立

5.1.1 电梯安全态势感知模型的概念和定义

在基于大数据的电梯运行态势感知技术中,电梯安全态势感知模型是指通过对电梯传感器数据进行采集、处理和分析,建立起来的用于描述电梯运行状态和安全状况的数学模型。该模型可以实时监测电梯的运行状态和故障状况,预测电梯的运行趋势和未来可能出现的故障,及时发出警报并提供有效的应对措施,以确保电梯的安全运行和乘客的出行安全。安全乘坐电梯如图5.1所示。

图 5.1 安全乘坐电梯示意图

电梯安全态势感知模型的定义主要包括以下几个方面:

(1)模型输入

电梯传感器数据是电梯安全态势感知模型的主要输入源,通过对这些数据的采集、处理和分析,可以建立起用于描述电梯运行状态和安全状况的数学模型。传感器数据包括电梯的运行速度、加速度、位置、温度、湿度等多种参数,这些参数可以反映电梯的运行状态和环境变化情况。其中,电梯的运行速度和加速度是反映电梯运行状态最为重要的参数,可以用于判断电梯是否正在上升或下降,以及电梯的运行速度是否合适。电梯的位置信息可以用于判断电梯是否到达指定楼层,同时也可以用于计算电梯的运行时间和距离等参数。电梯的温度和湿度则可以反映电梯内部的环境变化情况,如空气质量、温度适宜度等。通过对这些传感器数据的采集和分析,可以实时监测电梯的运行状态和故障状况,预测电梯的运行趋势和未来可能出现的故障,及时发出警报并提供有效的应对措施,以确保电梯的安全运行和乘客的出行安全。因此,电梯传感器数据是电梯安全态势感知技术中不可或缺的重要组成部分,对于电梯运行状态的监测、预测和维护具有重要的意义。

(2)模型输出

电梯安全态势感知模型的主要输出为电梯的运行状态和安全状况。这些输出结果是通过对电梯传感器数据进行分析和处理得到的,可以实时反映电梯的运行状态和安全状况。其中,电梯的运行状态是指电梯当前所处的运行状态,如上升、下降、静止等。通过对传感器数据的分析,可以判断电梯当前的运行状态,并根据需要进行相应的操作,如控制电梯的运行方向、调整电梯的运行速度等。同时,电梯安全态势感知模型还能检测电梯是否存在故障或异常状况,如电梯门未关闭、电梯超载等。这些异常情况可能会影响电梯的运行安全性,因此需要及时发出警报并采取相应的措施来保证电梯的安全运行。通过对电梯传感器数据的分析和处理,电梯安全态势感知模型可以实现对电梯运行状态和安全状况的实时监测和预测,为电梯的运行管理和维护提供了重要的技术支持。

(3)模型算法

电梯安全态势感知模型的建立需要采用一系列高效准确的算法,包括数据预处理、特征提取、分类和预测等方法。这些算法可以有效地提取传感器数据中的有用信息,并对电梯的运行状态和安全状况进行分析和预测。其中,数据预处理是指对原始传感器数据进行噪声滤除、数据清洗、数据归一化等操作,以提高数据质量和可靠性。特征提取则是针对预处理后的数据,通过一系列特征提取算法,提取出最具有代表性和区分度的特征参数,如电梯的运行速度、加速度、位置等。分类和预测则是根据已经提取出来的特征参数,通过一系列分类和预测算法,对电梯的运行状态和安全状况进行判断和预测。例如,可以采用支持向量机(SVM)、决策树(Decision Tree)等分类算法,对电梯运行状态进行分类;可以采用时间序列分析、神经网络等预测算法,对电梯未来可能出现的故障进行预测。这些算法可以帮助建立准确可靠的电梯安全态势感知模型,为电梯的安全运行提供有效的技术支持。同时,为了保证算法的准确性和可靠性,还需要对算法进行优化和评估,从而提高模型的性能和效果。

（4）模型评估

为了保证电梯安全态势感知模型的准确性和可靠性,需要对模型进行评估和优化。评估指标包括准确率、召回率、F1 值等多个方面,这些指标可以客观地反映模型的性能和效果。其中,准确率是指模型预测正确的样本数量占总样本数量的比例,召回率是指模型正确预测的正样本数量占所有正样本数量的比例,F1 值则是综合考虑准确率和召回率的综合评价指标。通过对模型的评估,可以发现模型存在的问题和不足之处,为模型的改进和优化提供参考。评估结果还可以用于对模型进行优化。模型优化的方法包括算法优化、参数调整、特征选择等。算法优化是指采用更加高效准确的算法来替代原有算法,以提高模型的准确率和效率。参数调整是指调整模型中的参数,以达到最佳的性能和效果。特征选择则是通过对特征参数的筛选和选择,选取最具有代表性和区分度的特征参数,以提高模型的准确性和可靠性。通过以上优化方法的使用,可以有效地提高电梯安全态势感知模型的性能和效果,为电梯的安全运行提供更加可靠的保障。

（5）模型应用

电梯安全态势感知模型的应用范围非常广泛,可以用于实时监测电梯的运行状态和安全状况,提高电梯的运行效率和安全性。通过对电梯传感器数据的采集、处理和分析,可以建立起用于描述电梯运行状态和安全状况的数学模型。该模型可以实时监测电梯的运行状态和故障状况,预测电梯的运行趋势和未来可能出现的故障,及时发出警报并提供有效的应对措施,以确保电梯的安全运行。此外,电梯安全态势感知模型还可以为电梯维修和保养提供有效的支持,降低电梯故障和事故的发生率。

具体而言,电梯安全态势感知模型可以应用于电梯的运行管理和维护,包括电梯的故障检测、预警和维修等方面。例如,当电梯出现异常情况时,模型可以及时发出警报并通知相关人员进行处理;当电梯需要维修或保养时,模型可以提供相应的建议和措施,以保证电梯的正常运行。同时,电梯安全态势感知模型还可以应用于电梯的调度和管理,包括电梯的运行调度、乘客流量控制等方面。例如,当电梯乘客流量较大时,模型可以根据实时数据进行调度,以提高电梯的运行效率;当电梯出现故障时,模型可以及时通知相关人员进行处理,以保证电梯的安全运行。

5.1.2 电梯安全态势感知模型的建立方法

电梯安全态势感知模型是基于大数据技术和传感器数据分析方法,对电梯运行状态和安全状况进行实时监测和预测的数学模型。该模型的建立方法主要包括数据预处理、特征提取、分类和预测等步骤。

（1）数据预处理

数据预处理是指对原始传感器数据进行噪声滤除、数据清洗、数据归一化等操作,从

而提高数据质量和可靠性。具体而言,数据预处理包括以下几个步骤:

①数据采集:电梯运行过程中的各种数据,包括电梯的运行速度、加速度、位置、载荷等信息,对于电梯的监测和维护非常重要。通过电梯传感器采集这些数据,可以实现对电梯运行状态和安全状况的全面监测和分析,及时发现问题并采取措施,提高电梯的安全性和可靠性。

电梯传感器可以采集电梯的运行速度、加速度、位置、载荷等信息,并将这些信息传输到电梯安全管理平台进行分析和处理。在分析方面,需要利用机器学习和深度学习等方法,对数据进行分析和建模,以便预测未来可能出现的故障和问题。同时,还可以利用数据挖掘和大数据分析技术,对电梯运行过程中产生的海量数据进行分析和挖掘,发现电梯运行过程中存在的潜在风险和问题。

通过电梯传感器采集的数据,也可以实现电梯的智能化和自动化运行管理。例如,在电梯运行过程中,可以利用传感器采集的数据对电梯进行智能调度,实现电梯的高效运行和优化。同时,还可以利用传感器采集的数据进行故障诊断和预测,提高电梯的可靠性和安全性。

②数据清洗:在电梯运行过程中,通过电梯传感器采集的数据包含了丰富的信息,包括电梯的运行速度、加速度、位置、载荷等。这些数据对于电梯的监测和维护非常重要,但同时也存在着一些问题。

为了保证采集到的数据的准确性和可靠性,需要对数据进行去重、去噪等操作。在采集数据之前,需要对传感器进行校准和质量控制,保证传感器的准确性和稳定性。在采集数据之后,需要对数据进行去重和去噪处理,消除数据中的冗余和噪声。例如,可以利用滑动平均、中值滤波等方法对数据进行平滑处理,消除数据中的噪声。同时,还可以利用聚类分析、主成分分析等方法对数据进行降维和压缩,减少数据的复杂度和冗余。

除此之外,还需要对采集到的数据进行预处理和特征提取,以便后续的数据分析和建模。例如,可以利用时间序列分析、频域分析等方法对数据进行预处理,提取数据的特征和规律。同时,还可以利用机器学习和深度学习等方法对数据进行分析和建模,预测未来可能出现的故障和问题。

③数据归一化:在电梯运行过程中,通过电梯传感器采集的数据包含了丰富的信息,例如电梯的运行速度、加速度、位置、载荷等。这些数据对于电梯的监测和维护非常重要,但是由于不同传感器的精度、量程等不同,导致采集到的数据可能存在着不同的量纲和范围,这给后续的特征提取和分类分析带来了一定的困难。因此,需要对采集到的数据进行归一化处理,将数据转换为统一的数值范围,以便于后续的特征提取和分类分析。

归一化处理是将不同量纲和范围的数据转换为统一的数值范围的过程。在电梯安全行业中,常用的归一化方法包括最小-最大归一化、Z-score归一化等。其中,最小-最大归一化是将数据线性地映射到[0,1]区间内,公式为

$$x' = \frac{x - \min}{\max - \min}$$

其中,x 表示原始数据,$\min$ 和 $\max$ 分别表示数据的最小值和最大值,x' 表示归一化后的数据。

而 Z-score 归一化是将数据转换为标准正态分布,公式为

$$x' = \frac{x - \mu}{\sigma}$$

其中,μ 和 σ 分别表示数据的均值和标准差。

通过归一化处理,可以将不同量纲和范围的数据转换为统一的数值范围,以便于后续的特征提取和分类分析。例如,在电梯运行监测中,可以利用归一化后的数据进行电梯负载状态的分类分析,以判断电梯是否超载或者低载。同时,还可以利用归一化后的数据进行电梯故障诊断和预测,以提高电梯的可靠性和安全性。

总之,在电梯安全行业中,通过对采集到的数据进行归一化处理,可以将不同量纲和范围的数据转换为统一的数值范围,以便于后续的特征提取和分类分析。未来,电梯行业将进一步深化基于大数据的电梯运行态势感知技术的研究和应用,推动电梯行业向更加智能化、便捷化和安全化的方向发展。

(2)特征提取

特征提取是指针对预处理后的数据,通过一系列特征提取算法,提取出最具有代表性和区分度的特征参数,如电梯的运行速度、加速度、位置等。具体而言,特征提取包括以下几个步骤。

①特征选择:在电梯运行过程中,通过电梯传感器采集的数据包含了丰富的信息,例如电梯的运行速度、加速度、位置、载荷等。这些数据对于电梯的监测和维护非常重要,但是由于数据的复杂性和多样性,需要选取最具有代表性和区分度的特征参数,以便于后续的数据分析和建模。根据电梯运行状态和安全状况的特点,通过对电梯运行速度的监测和分析,可以实现对电梯运行状态和安全状况的全面监测和评估。通过对电梯加速度的监测和分析,可以判断电梯运行是否平稳,从而提高电梯的运行安全性。通过对电梯位置的监测和分析,可以判断电梯的运行状态和位置信息,从而实现对电梯运行状态和安全状况的全面监测和评估。通过对电梯载荷的监测和分析,可以判断电梯是否超载或者低载,从而提高电梯的运行安全性。通过对电梯运行时间的监测和分析,可以预测电梯的维护周期和更换时机,从而延长电梯的使用寿命。

通过选取最具有代表性和区分度的特征参数,可以实现对电梯运行状态和安全状况的全面监测和评估。

②特征提取:在电梯运行过程中,通过电梯传感器采集的数据包含了丰富的信息,例如电梯的运行速度、加速度、位置、载荷等。为了实现对电梯运行状态和安全状况的全面

监测和评估,需要对选取的特征参数进行处理,提取出最具有代表性和区分度的特征值。

特征提取是将原始数据转换为更具有代表性和区分度的特征向量的过程。在电梯安全行业中,常用的特征提取算法包括小波变换、离散傅里叶变换、时频分析等。例如,可以利用小波变换对电梯运行速度和加速度进行分析,提取出不同频率下的特征值,以便于后续的分类和聚类分析。同时,还可以利用时频分析对电梯位置和载荷进行分析,提取出不同时间尺度下的特征值,判断电梯的负载状态和运行轨迹。

通过一系列特征提取算法,可以对选取的特征参数进行处理,提取出最具有代表性和区分度的特征值。这些特征值可以用于电梯运行状态的分类和聚类分析,实现对电梯运行状态和安全状况的全面监测和评估。例如,在电梯负载状态的分类分析中,可以利用特征值进行电梯超载、低载和正常负载状态的分类判别。同时,在电梯故障诊断和预测中,还可以利用特征值进行电梯故障类型的分类和预测。

③特征降维:在电梯运行过程中,通过电梯传感器采集的数据包含了丰富的信息,例如电梯的运行速度、加速度、位置、载荷等。为了实现对电梯运行状态和安全状况的全面监测和评估,需要对选取的特征参数进行处理,提取出最具有代表性和区分度的特征值。但是,由于特征参数的数量可能较多,这会导致分类和预测的效率低下。因此,需要对提取出的特征值进行降维处理,减少特征参数的数量,提高分类和预测的效率。

降维处理是将高维特征空间转换为低维特征空间的过程。在电梯安全行业中,常用的降维算法包括主成分分析(PCA)、线性判别分析(LDA)等。例如,在电梯负载状态的分类分析中,可以利用 PCA 算法对提取出的特征值进行降维处理,以减少特征参数的数量,同时保留大部分信息。通过降维处理,可以提高分类和预测的效率,同时降低计算成本和存储空间的需求。

通过对提取出的特征值进行降维处理,可以减少特征参数的数量,提高分类和预测的效率。这些降维后的特征值可以用于电梯运行状态的分类和聚类分析,实现对电梯运行状态和安全状况的全面监测和评估。例如,在电梯故障诊断和预测中,可以利用降维后的特征值进行电梯故障类型的分类和预测,从而提高电梯的可靠性和安全性。

(3)分类和预测

分类和预测是根据已经提取出来的特征参数,通过一系列分类和预测算法,对电梯的运行状态和安全状况进行判断和预测。具体而言,分类和预测包括以下几个步骤。

①分类算法:在电梯安全行业中,通过对选取的特征参数进行处理,提取出最具有代表性和区分度的特征值,并对特征值进行降维处理,可以实现对电梯运行状态和安全状况的全面监测和评估。但是,如何对电梯运行状态进行分类和预测,也是电梯安全行业需要解决的关键问题。

分类算法是将数据集划分为不同类别的过程。在电梯安全行业中,常用的分类算法包括支持向量机(SVM)、决策树(decision tree)等。例如,在电梯负载状态的分类分析中,可以利用 SVM 算法对降维后的特征值进行分类,以判断电梯是否超载、低载或正常负载,从而提高电梯的运行安全性。同时,在电梯故障诊断和预测中,还可以利用决策树算法对降维后的特征值进行分类和预测,以判断电梯故障类型和预测故障发生的可能性。

通过采用支持向量机(SVM)、决策树(decision tree)等分类算法,可以对电梯运行状态进行分类和预测,从而实现对电梯运行状态和安全状况的全面监测和评估。这些分类算法可以用于电梯负载状态的分类和预测、电梯故障诊断和预测、电梯运行轨迹的分类和分析等方面。通过对电梯运行状态进行分类和预测,可以提高电梯的运行安全性和可靠性,同时优化电梯维护和保养的策略。

②预测算法:在电梯安全行业中,采用支持向量机(SVM)、决策树(decision tree)等分类算法,可以对电梯运行状态进行分类和预测,实现对电梯运行状态和安全状况的全面监测和评估。但是,如何对电梯未来可能出现的故障进行预测,也是电梯安全行业需要解决的关键问题。

预测算法是利用历史数据对未来趋势进行预测的过程。在电梯安全行业中,常用的预测算法包括时间序列分析、神经网络等。例如,在电梯故障预测中,可以利用时间序列分析对历史故障数据进行分析,提取出电梯故障发生的规律和趋势,从而预测未来电梯可能出现的故障类型和发生的概率。同时,在电梯故障预测中,还可以利用神经网络对历史数据进行学习和训练,建立电梯故障的预测模型,从而提高电梯的运行可靠性和安全性。

通过采用时间序列分析、神经网络等预测算法,可以对电梯未来可能出现的故障进行预测,从而提高电梯的运行可靠性和安全性。这些预测算法可以用于电梯故障预测、电梯维护和保养策略的优化等方面。通过对电梯未来可能出现的故障进行预测,可以提前采取措施,避免故障的发生和影响。

③模型评估和优化:模型评估和优化是为了提高模型的准确性和可靠性,通常需要采用交叉验证、调参等方法。例如,在电梯负载状态的分类分析中,可以采用交叉验证的方法,将数据集划分为训练集和测试集,利用训练集对模型进行训练,利用测试集对模型进行验证和测试,从而评估模型的准确性和可靠性。同时,在电梯故障预测中,还可以通过调整神经网络的参数和结构,优化神经网络的预测能力和性能,提高预测的准确性和可靠性。

通过对模型的评估和优化,可以提高模型的准确性和可靠性,从而实现对电梯运行状态和未来可能出现的故障进行更加精确的分类和预测。这些模型评估和优化的方法可以用于电梯负载状态的分类和预测、电梯故障预测、电梯运行轨迹的分类和分析等方面。通过对模型的评估和优化,可以提高电梯的运行安全性和可靠性,同时优化电梯维护和保养的策略。

5.1.3 电梯安全态势感知模型的应用案例

电梯安全态势感知模型是一种利用大数据技术和传感器数据分析方法,对电梯运行状态和安全状况进行实时监测和预测的数学模型。该模型具有广泛的应用价值,可以为电梯运行管理和维护提供有效的支持。本节将介绍两个电梯安全态势感知模型的应用案例。

（1）电梯故障预警系统

在某高层住宅小区中,电梯故障率较高给业主带来了很大的不便。为了解决这一问题,该小区引入了电梯安全态势感知模型,并建立了电梯故障预警系统。该系统采集电梯传感器数据,包括电梯运行速度、负载状态、运行时间等数据。通过特征提取和分类算法,对电梯运行状态进行实时监测和预测。其中,特征提取算法主要用于从传感器数据中提取有用的特征,如电梯的运行速度、加速度、振动等特征;分类算法主要用于将电梯的运行状态分为正常、异常、故障等分类。

当系统检测到电梯出现异常情况时,会自动发出警报并通知相关人员进行处理。同时,系统还能够为电梯的维修和保养提供有效的支持,降低电梯故障和事故的发生率。经过实际应用,该电梯故障预警系统取得了良好的效果。在该小区的电梯安全态势感知模型中,共采集了约2000条电梯传感器数据,通过特征提取和分类算法,成功实现了对电梯运行状态的实时监测和预测。在实际应用中,该系统能够及时发现电梯的异常情况,准确预测电梯可能出现的故障,并提供相应的处理措施。这不仅提高了电梯的运行效率和安全性,也为业主提供了更加便捷和安全的出行环境。

电梯安全态势感知模型的引入,为电梯安全行业带来了重要的技术革新。采用传感器数据采集、特征提取和分类算法等技术手段,可以实现对电梯运行状态的全面监测和评估,及时发现和预测电梯可能出现的故障。同时,通过建立电梯故障预警系统,可以将这些监测和预测结果转化为有效的预警和处理措施,降低电梯故障和事故的发生率。

未来,电梯行业将进一步深化基于大数据的电梯运行态势感知技术的研究和应用,推动电梯行业向更加智能化、便捷化和安全化方向发展。通过不断完善和优化电梯故障预警系统,可以为业主提供更加安全和舒适的出行环境,为电梯行业的发展注入新的动力。

（2）电梯运行调度系统

某大型商业楼宇的电梯乘客流量较大,电梯的运行效率和安全性成为管理人员关注的焦点。为了提高电梯的运行效率和安全性,该商业楼宇引入了电梯安全态势感知模型,并建立了电梯运行调度系统。

在该商业楼宇的电梯运行调度系统中,共采集了大量电梯传感器数据,包括电梯乘客流量、运行速度、停靠时间、负载状态等。其中,电梯乘客流量数据主要通过电梯厅口传感器进行采集;电梯运行速度和停靠时间数据主要通过电梯轮廓传感器进行采集;电梯负载状态数据主要通过电梯底部压力传感器进行采集。

通过特征提取和分类算法,成功实现了对电梯乘客流量、运行状态等的实时监测和预测。特征提取算法主要用于从传感器数据中提取有用的特征,如电梯的运行速度、加速度、振动等特征;分类算法主要用于将电梯的运行状态分为正常、异常、故障等分类。根据预测结果,系统自动调度电梯的运行路线和停靠时间,提高电梯的运行效率和安全性。同时,系统还能够预测电梯未来可能出现的故障,提供相应的维修和保养建议,降低电梯故障和事故的发生率。

在实际应用中,该系统能够根据电梯乘客流量和运行状态,自动调度电梯的运行路线和停靠时间,提高了电梯的运行效率和安全性。在商业楼宇的电梯运行调度系统中,共采集了约2000条电梯传感器数据,通过特征提取和分类算法,成功实现了对电梯乘客流量、运行状态等的实时监测和预测。同时,系统还能够预测电梯未来可能出现的故障,提供相应的维修和保养建议,降低了电梯故障和事故的发生率,为商业楼宇的安全管理提供了有效的支持。

电梯安全态势感知模型的引入,为电梯安全行业带来了重要的技术革新。采用传感器数据采集、特征提取和分类算法等技术手段,可以实现对电梯运行状态的全面监测和评估,及时发现和预测电梯可能出现的故障。通过建立电梯运行调度系统,可以将这些监测和预测结果转化为有效的调度措施,提高电梯的运行效率和安全性。

未来,电梯行业将进一步深化基于大数据的电梯运行态势感知技术的研究和应用,推动电梯行业向更加智能化、便捷化和安全化的方向发展。通过不断完善和优化电梯运行调度系统,可以为商业楼宇提供更加高效和安全的电梯服务。

在电梯行业的大数据研究中,传感器数据采集、特征提取和分类算法等技术手段将继续得到广泛应用。同时,随着人工智能和机器学习技术的不断发展,将有更多的新技术被应用到电梯行业,从而提高电梯运行的效率和安全性。

5.2 电梯运行态势研判方法

5.2.1 电梯运行态势研判的基本原理

电梯运行态势研判是指通过采集电梯传感器数据,对电梯的运行状态和安全状况进行实时监测和预测的技术。电梯运行态势研判的基本原理包括数据采集、特征提取、分类和预测等步骤。

在电梯行业中,电梯传感器起着至关重要的作用。电梯传感器能够采集到诸如电梯的运行速度、加速度、位置、载荷等信息,通过对这些数据的分析和处理,可以了解电梯的运行状态和安全状况。

电梯的运行速度和加速度是电梯传感器采集的重要参数。通过对电梯运行速度和加速度的监测和评估,可以及时发现和预测电梯可能出现的故障和异常情况,以保证电梯的正常运行。同时,电梯的位置信息也是电梯传感器采集的重要参数之一。通过对电梯位置信息的监测和评估,可以实现对电梯运行路线的自动调度和优化,提高电梯的运行效率和安全性。

此外,电梯的载荷信息也是电梯传感器采集的重要参数之一。通过对电梯载荷信息的监测和评估,可以避免电梯超载,保证电梯运行的安全性。同时,电梯传感器还可以采集电梯的振动信息、温度信息等其他参数,以便进一步了解电梯的运行状态和安全状况。

电梯传感器的采集数据是电梯运行态势感知技术的基础。通过传感器数据采集、特征提取和分类算法等技术手段,可以实现对电梯运行状态的全面监测和评估,及时发现和预测电梯可能出现的故障和异常情况。通过将这些监测和预测结果转化为有效的调度措施,可以提高电梯的运行效率和安全性。

随着电梯行业的不断发展和技术的不断进步,电梯传感器将采用更加先进的技术和设备,实现对电梯运行状态和安全状况的更加准确和全面的监测和评估。同时,通过大数据分析和人工智能技术的应用,将进一步提高电梯运行调度的智能化水平,为人们提供更加高效、便捷和安全的电梯服务。

5.2.2 电梯运行态势研判方法的建立

电梯运行态势研判方法的建立是基于大数据技术和传感器数据分析方法,通过对电梯传感器数据的采集、处理和分析,实现电梯的实时监测和预测。电梯运行态势研判方法的建立包括数据预处理、特征提取、分类和预测等步骤。

(1)数据预处理

数据预处理是电梯运行态势感知技术中的重要环节之一。其主要目的是对采集到的电梯传感器数据进行清洗、去噪、平滑等处理,以消除数据中的噪声和异常点,保证数据的可靠性和准确性。

在电梯行业中,数据预处理是非常必要的。电梯传感器采集的数据往往包含大量的噪声和异常点,这些数据会影响后续的分类和预测结果。因此,在进行分类和预测之前,需要对采集到的数据进行预处理,以提高数据的准确性和可靠性。

在数据预处理的过程中,可以采用滑动窗口、均值滤波等方法对数据进行平滑处理,剔除异常点和噪声。例如,可以将采集到的电梯传感器数据分成若干个时间段,并对每个时间段内的数据进行平均处理,以消除数据中的噪声和异常点。同时,还可以采用滑动窗口的方法对数据进行平滑处理,以进一步削弱噪声和异常点的影响。

除了滑动窗口和均值滤波等方法外,还可以采用小波变换、动态阈值法、统计学方法等不同的预处理方法,以适应不同的数据类型和不同的需求。通过对采集到的数据进行预处理,可以有效地提高数据的质量和准确性,为后续的分类和预测提供更加可靠的基础。

(2)特征提取

特征提取是电梯运行态势感知技术中非常重要的一环。其主要目的是从经过预处理的数据中提取出最具有代表性和区分度的特征参数,以便进行后续的分类和预测。

在电梯行业中,特征提取的过程非常关键。根据电梯运行状态和安全状况的特点,可以选取最具有代表性和区分度的特征参数,如电梯的运行速度、加速度、位置等。通过特征提取,可以将原始数据转换为更具有可读性和可理解性的形式,为后续的分类和预测提供基础。

在特征提取的过程中,需要结合电梯的实际情况和需求,选择适合的特征参数。例如,对于电梯的运行速度和加速度,可以选择平均速度、最大速度、加速度变化率等特征参数;对于电梯的位置信息,可以选择电梯当前所处的楼层、电梯运行的方向等特征参数。通过对这些特征参数进行提取和处理,可以得到更加准确和全面的电梯运行状态和安全状况的信息。

特征提取的过程需要借助数据挖掘和机器学习等技术手段,如主成分分析、因子分析、卡方检验等。通过这些技术手段的应用,可以实现对电梯运行状态和安全状况的全面监测和评估,及时发现和预测电梯可能出现的故障和异常情况。

(3)分类和预测

分类和预测是电梯运行态势感知技术中的重要环节之一。其主要目的是根据已经提取出来的特征参数,通过一系列分类和预测算法,对电梯的运行状态和安全状况进行判断和预测。

在电梯行业中,分类算法可以将电梯的运行状态分为正常、异常等不同的类别,如电梯的停滞、超载、故障等。通过对电梯运行状态的分类,可以及时发现和诊断电梯可能出现的故障和异常情况,为电梯运行管理和维护提供有效的支持。同时,预测算法可以预测电梯未来可能出现的故障情况,以便采取相应的措施进行预防和维护。

在分类和预测的过程中,需要借助数据挖掘和机器学习等技术手段,如支持向量机、决策树、神经网络等。这些算法可以根据已经提取出来的特征参数,对电梯的运行状态和安全状况进行精准的分类和预测。例如,支持向量机算法可以通过构建非线性映射函数,将原始数据转换为高维特征空间,从而实现对电梯运行状态的分类和预测;决策树算法可以根据特征参数的重要性,构建一棵树形结构,实现对电梯运行状态的分类和预测;

神经网络算法可以通过构建多层感知机模型,实现对电梯运行状态的分类和预测。

分类和预测的结果是电梯运行态势感知技术的重要输出。通过对分类和预测结果的分析和处理,可以实现对电梯运行状态和安全状况的全面监测和评估,及时采取相应的措施进行调度和维护。同时,分类和预测结果还可以为电梯运行管理和维护提供有效的支持,从而提高电梯的运行效率和安全性。

(4)模型评估

模型评估是电梯运行态势感知技术中非常重要的一环。其主要目的是对建立的电梯运行态势研判模型进行评估和验证,以检验模型的准确性和可靠性。

在电梯行业中,常用的模型评估方法包括交叉验证、ROC 曲线分析、混淆矩阵等。其中,交叉验证是一种常用的模型评估方法,可以将数据分成若干份,每次将其中一份作为测试集,其余部分作为训练集,以检验模型的泛化能力。ROC 曲线分析则可以通过绘制 ROC 曲线,对分类模型的性能进行评估和比较。混淆矩阵则可以对分类模型的分类结果进行统计和分析,从而评估模型的准确性和可靠性。

通过模型评估,可以对建立的电梯运行态势研判模型进行优化和改进,提高模型的准确性和可靠性。例如,通过交叉验证可以确定最佳的模型参数,提高模型的泛化能力;通过 ROC 曲线分析可以对不同分类模型的性能进行比较,选择最优的分类模型;通过混淆矩阵可以对分类模型的分类结果进行统计和分析,发现模型存在的问题并进行改进。

模型评估的过程需要借助数据挖掘和机器学习等技术手段,如邻近算法(k-nearest neighbor,KNN)算法、朴素贝叶斯算法、决策树算法等。通过这些技术手段的应用,可以实现对电梯运行态势研判模型的全面评估和优化,提高模型的准确性和可靠性。

5.2.3 电梯运行态势研判方法算例

本节以电梯制动器的状态研判为例,阐述了研判电梯运行态势的基本方法和算法逻辑。为了支持多模态的状态估计,首先采用构建基于生长神经气(growing neural gas,GNG)网络的动态融合估计架构,再根据观测集中的标准化数据和特征数据对系统进行融合状态估计。为了构建 GNG 网络,需要先引入如下的一些概念和定义。

定义 5(神经元):GNG 网络 A 具有 N 个神经元,记为 $A = \{c_1, c_2, \cdots, c_N\}$。

定义 6(位置向量):每个神经元 c 均含有相关的位置向量 w_c,表明其在网络中的位置 R^n,记为 $w_c \in R^n$。

定义 7(邻接矩阵):神经网络 A 的神经元之间的邻接阵记为 $CA \times A$。

定义 8(神经元集):N_c 为与神经元 c 直接相连接神经元的集合,记为 $N_c = \{i \in A(c,i) \in C\}$,神经元节点记为 $\text{Nodes}_i (i = 1, 2, \cdots, m)$。

定义 9(概率密度):在 n 维输入空间中输入信号 ξ 产生的连续概率密度函数记为

$P(\xi), \xi \in R^n$。

定义 10（训练集）：有限训练集记为 $T = \{\xi_1, \xi_2, \cdots, \xi_M\}, \xi_i \in R^n$。

定义 11（获胜神经元）：对每个输入信号 ξ，神经网络 A 中的获胜的神经元 $s(\xi)$ 记为：$s \mid\mid = \mathrm{argmin}_{c \in A} \parallel - w_c \parallel$。其中 $\parallel \cdot \parallel$ 为欧氏向量范数。注意到每个神经元获胜的机会应该是均等的，简记为用 s_i 表示距离输入信号 ξ 第 i 近的神经元，记 error_i 为神经元 i 的累计误差。

（1）问题描述

虽然通过观测系统获得了系统的状态观测量集，但若想进一步对这些复杂观测数据置于 GNG 网络的神经元及节点动态关联处理，需要建立一个基于激励强弱权重的结构化动态处理模态，以使基于物理现象的机电能流动态转换为数据层面的关联或失联激励，并引入语义标注算法和状态估计算法，再加以标注形成记忆，进而基于特征数据得出状态估计值。

（2）主要方法

1）GNG 网络生成算法设计。

拟采用如下步骤生成 GNG 网络。

①初始化神经网络 A，先由最初的 2 个神经元以概率 $P \mid\mid$ 初始化位置，邻接矩阵 $C = 0$。

②在输入空间，以概率 P 生成一个输入信号在输入空间中，以概率 $P \mid\mid$ 随机生成一个输入信号。

③计算获胜神经元 s_1 和 $s_2 (s_1, s_2 \in A)$。

④如果 s_1 和 s_2 之间没有连接，则创建连接边：$C = C \bigcup \{(s_1, s_2)\}$，设置该边的 $\mathrm{age}_{(s_1, s_2)} = 0$。

⑤调整获胜神经元 s_1 的累计误差：$E_{s_1} \parallel - w_{s_1} \parallel^2$。

⑥调整获胜神经元 s_1 以及与之连接神经元的位置向量。

⑦调整获胜神经元 s_1 连接边的 age（寿命）：$\mathrm{age}_{(i,j)} = \mathrm{age}_{(s,i)} + 1$。

⑧如果 $\mathrm{age}_{(i,j)} > a_{\max}$，删除边 (i, j)，同时删除没有连接边的神经元。

⑨如果输入信号产生的次数是 λ 的整数倍且神经元节点数小于 $\mathrm{Nodes}_{\max}$，则插入新的神经元。

⑩ $\Delta E_c = -\beta E_c (\forall c \in A)$，如果未满足停止条件，则转到步骤②。

2）状态估计设计：重点考虑观测数据中驻留内存部分的制动器能流数据和闸瓦行进的位移数据（统称为物标数据）的语义特征标注，然后进行语义物标频繁模式的实时发现。即对各种多传感数据源所获取的静态观测数据和动态观测数据分类融合的同时，查询历史物标标记（记忆），并关联物标内容的语义标注，再构建预估计值的标注结果，进而获得实际估计值，如图 5.2 所示。

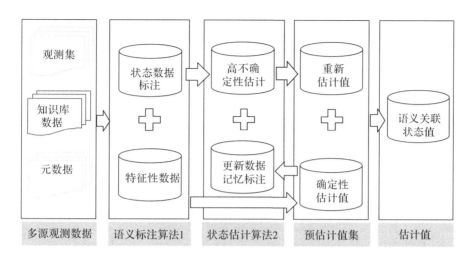

图 5.2　特征语义标注的状态估计框架图

定义 12（物标数据）：例如以制动器基座为原点，依次定义制动器蹄片、闸瓦、电磁铁动板、定板等物标数据，并抽象为是由一系列按照距离先后顺序排列的时空组合点。例如可以表示为 $U=\{r_1,r_2,\cdots,r_n\}$，其中 $r_i=(\text{loc}_i^U,\text{dis}_i^U,t_i^U)$，$i\in\{1,2,\cdots,n\}$，$\text{loc}_i^U$ 指地址坐标如经纬度，dis_i^U 指物标间的距离增量，t_i^U 指时间戳。

定义 13（静态语义数据）：制动器语义数据由一些包含时空信息的文档所组成。例如可以表示为 $D\_s=\{d_1,d_2,\cdots,d_n\}$，其中 $d_j=(W_j,\text{loc}_i^U)$，$j\in\{1,2,\cdots,n\}$，W_j 表示 d_j 中的词汇集合，loc_i^U 表示地理坐标。每个文档分别表示某制动器具体的静态信息，如制动器名称、类型、功率、编号、位置等。

定义 14（动态语义数据）：动态语义数据由一些具有时空特性的文档信息所组成，例如可以用 $D\_d=\{d_1,d_2,\cdots,d_n\}$，其中 $d_j=(W_j,\text{loc}_i^D,t_i^D)$，$j\in\{1,2,\cdots,n\}$，$W_j$ 表示 d_j 中的词汇集合，loc_i^D 表示地理坐标，t_i^D 指时间戳，d_j 中分别表示制动蹄片所在某个时间段上发生的移动位移信息。

3）特征语义标注方法：针对观测集数据的语义标注问题，现有相关研究并未考虑系统对标注语义的关联性，本项目由于在上一步中获取了更加丰富的制动器微观信息数据，需要设计新的语义标注算法，获取更加精确和详细的特征语义标注，并结合数据间的关联，进而获得直接确定性预估计值，更新 GNG 节点数据权值，并存储记忆数据。

4）状态估计（state stimation，SE）模型设计：之后，将语义标注和关联数据的特征记忆数据，结合知识库语料再输入到拟基于改进的马尔科夫（Markov decision processes，MDP）模型重构估计值集，具体解决思路分为三步进行，如图 5.3 所示。

①模型参数重构。大吸引域特征语义标注可视为一种制动器制动空间距离序列，语

义标注结果可视为特征观测变量,对应的工况类型、行进距离和温度变化等可作为隐含变量,基于改进 MDP 模型对问题建模。

②状态估计推理。根据训练得到的改进 MDP 模型结合语义标注的特征输入可得到制动器各观测参数的全局或局部估计模式。

③模型优化。基于 SE 的广义特征记忆与 MDP 关联估计模型以及知识库数据的迭代和相互映射,实现制动器退化的状态估计优化。

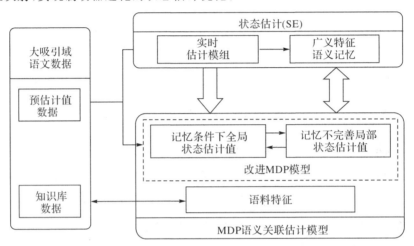

图 5.3　特征记忆模式的制动器状态估计示意图

(3)创建基于大吸引域特征记忆的制动器状态估计学习进化方法

针对现有状态估计研究普遍是按反馈或开环估计等固定模式,引入基于知识库更新的动态学习进化估计模式,既能增强系统的估计时效,又提升了系统的估计精度,具体算法如下。

问题描述:给定知识库语料输入和工况模式引导值,识别特征事件的相似度,对不确定事件处理后,更新神经元空间的连通性信息,更新特征记忆信息,重复迭代,形成对不确定事件的增量记忆和学习。

引入如下概念和定义。

定义 15(语料输入):当前工况的特征语料输入,记为 $\boldsymbol{O}_c$。

定义 16(控制信号):反馈映射控制信号,记为 $\boldsymbol{C}_i(i=1,2)$,有效为 1,无效为 0。

定义 17(模式引导):事件能量流反射强弱引导权值,记为 θ_c。

定义 18(邻近状态集):两神经元节点竞争产生的中间状态集合,记为 H_s。

定义 19(转移权值):H_s 中状态神经元的转移权值 $\omega_{ij}(i,j=1,2,\cdots,n)$。

基本思路:图 5.4 给出了基于特征记忆网络学习进化方法的模型图,由状态估计值输入(O 层)、观测相似性度量(U 层)、状态神经元(S 层)和输出特征事件记忆(E 层)组成,该网络结构的学习主要为状态估计、状态神经元的学习,计算转移权值 ω_{ij} 以及记录相关工况事件从而形成记忆。首先,观测相似性度量(U层)是输出状态神经元所映射的观测值与输入观测值进行比较的机制。其次,通过计算相似性度量确定 S 层状态神经元的激活,并更新其与突触前神经元集的转移权值。最后,在记忆网络中,每个映射参量对应一个状态神经元,估计值可通过在线学习进行调整,状态神经元不变但可增长。该网络对临近估计值集的调整学习基于稀疏分布(SDM)思想,每次可有多个状态神经元节点同时被激活,每个节点可看成一类相近估计的代表,具有学习进化适应性好的优点。

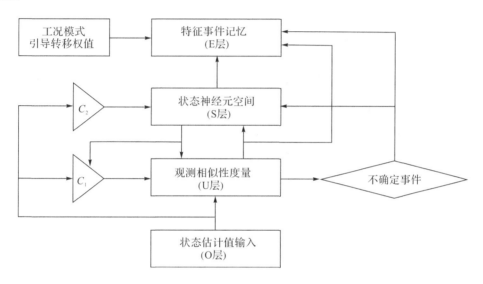

图5.4 特征记忆网络学习进化模型

项目组进一步设计了构成该进化模型的网络 U 层结构和网络 S 层结构的进化算法,其基本原理及过程如下。

1)U 层网络结构如图 5.5 所示,该层节点个数等于输入观测值的维数,每个节点的输出由 3 个信号共同确定:①当前环境的观测值输入 O_C;②控制信号 C_1;③由 S 层反馈的获胜状态神经元的映射估计值。U 层节点的输出 u 根据这 3 个信号采用"多数表决(2/3)"原则计算获得。当 $C_1 = 1$,反馈映射估计信号为 0 时,U 层节点输出由输入观测决定,即 $u = O_C$;当反馈映射估计信号不为 0,$C_1 = 0$ 时,U 层节点输出取决于输入估计值与反馈映射估计值的比较情况,如果相似性度量大于阈值,则对观测向量学习进行调整,否则增加新的观测 $O_{m+1} = O_C$。

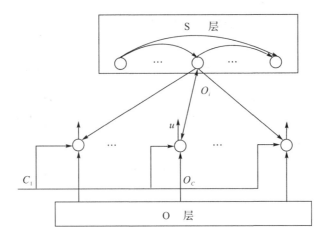

图 5.5　U 层网络结构

2)S 层网络结构如图 5.6 所示,该层有 m 个节点,用以表示 m 个状态神经元,该状态神经元空间可通过增加新的神经元节点进行动态增长。U 层向上连接到 S 层第 i 个神经元节点的权向量由状态神经元的映射观测 $O_i(i=1,2,\cdots,m)$ 表示,该观测向量到达 S 层各状态神经元节点后通过竞争产生邻近状态集 H_s,代表当前估计值所属状态类别集合。获胜状态神经元节点 $S_i=1(\forall i \in H_s)$,其余节点输出为 0。状态神经元间具有权值,代表学习记忆的连接关系。控制信号 C_1: $C_1=\overline{O}\,X$。当 S 层各状态神经元输出均为 0 而输入观测向量不为 0 时,$C_1=1$,否则 $C_1=0$。其意义在于学习进化开始时为 1,以使 $u_i=O_C$,之后其值为 0,目的是使输出 u 由输入和反馈观测通过比较后决定;控制信号 C_2: $C_2=0$。即如果输入观测向量为 0($O_C=0$)时,$C_2=0$,否则 $C_2=1$。其意义在于检测是否存在当前环境观测输入。

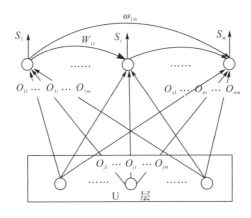

图 5.6　S 层网络结构

3)记忆模式:O 层和 S 层代表短期记忆(STM),O 层与 S 层的连接以及 E 层代表长期记忆(LTM)。短期记忆在运行过程中对刚刚发生的状态进行大权重关联,而长期记忆在运行中通过学习产生对历史工况状态的小权重关联。记忆网络接受来自环境的观测输入,通过检查当前观测输入与所有存储观测向量之间的匹配程度,确定新观测及其相关事件是否已存在系统的记忆当中。按照预先设定的激活阈值 θ_c 来考察相似性度量,决定对新输入的观测采取何种处理方式。在网络每一次接受新的估计值输入时,都需要经过一次匹配过程。

4)记忆网络学习模式设计:在学习模式中,要对观测相似性度量高于阈值 θ_c 的状态神经元及其映射观测进行加强学习,使以后出现与该事件相似的环境事件时能获得更大的相似性。该学习模式包括邻近状态集 $\boldsymbol{H}_s$ 对应的邻近映射集 $\boldsymbol{H}_o$ 的学习和邻近状态集 $\boldsymbol{H}_s$ 中状态神经元间的转移权值 ω_{ij} 的学习,可以采用竞争学习机制来设计网络的具体记忆事件中参数的学习过程,有效组织状态神经元的记忆过程。初步设计的概念模型如图 5.7 所示,基于特征语义计算认为 $b(t)$ 是一个新事件,控制器激活此行为模式 $b(t)=1$,并记录到相关事件中。即只有当前神经元 $s(t)$ 被激活[即 $s(t)=1$],其他神经元未被激活 $[s(i)=0]$,当前状态 $s(t)$ 被认为是一个新的状态 $s(j)$,并记录为一个新的事件,与其突触前神经元集产生连接 ω_{ij},以形成动态的神经元生成,反之为退化神经元。

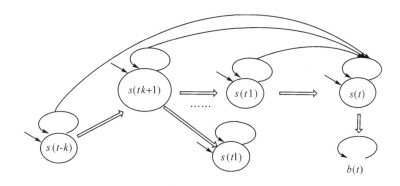

图 5.7 状态神经元组织形成学习记忆过程概念模型

(4)部分算例和测试环境

现仅以 2020 年江苏省高等学校自然科学研究重大项目"基于多源传感数据融合的电梯安全态势云感知系统研究(20KJA460011)"为例,简述前期研究的部分具体成果。

1)检测数据积累。为研究电梯安全态势,对服役工况的电梯供电电压和电流波动情况进行基于互感器的在线监测,并用检测仪对电源电压、电流监测数据进行对比,同时存储响应数据,其波形如图 5.8 所示,制动器制动力矩监测的响应时间数据如图 5.9 所示,其为该项目中研究制动器系统的能量流交互耦合转换规律积累了大量可参考数据。

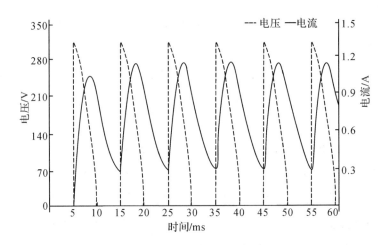

图 5.8　电压、电流监测波形数据

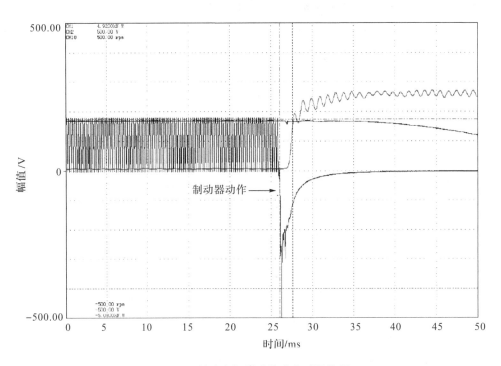

图 5.9　制动力矩测试的响应时间数据

2)制动数据对比。制动器监测过程中发现,多传感器获取的制动前监测的噪声数据如图 5.10 所示,图 5.11 的矩形框是制动器制动时的系统噪声。这些图谱和数据为本项目的观测噪声解耦、系统能流交互耦合规律研究提供了经验数据。

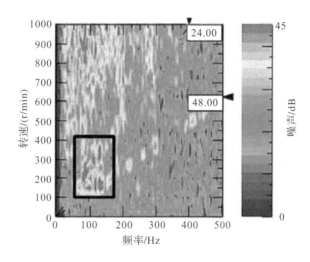

图 5.10　制动前监测的噪声数据

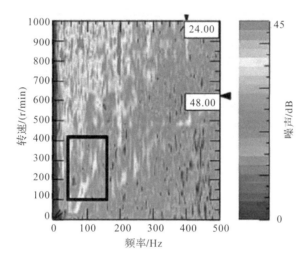

图 5.11　制动时监测的噪声数据

3) 曳引机实验台系统,如图 5.12 所示,为本书研究和外加传感器提供基础条件。

电梯运行态势研判方法是一种利用大数据技术和传感器数据分析方法,对电梯运行状态和安全状况进行实时监测和预测的技术。该技术具有广泛的应用价值,可以为电梯运行管理和维护提供有效的支持。本节将介绍两个电梯运行态势研判方法的应用案例。

图 5.12 曳引机实验台

图 5.13 联轴器内部传感器图

（5）电梯故障预警系统

电梯故障率是当前社会中一个非常普遍的问题。某高层住宅小区的电梯故障率较高，为了解决这一问题，该小区引入了电梯运行态势研判方法，建立了电梯故障预警系统。该系统采集电梯传感器数据，通过特征提取和分类算法，对电梯运行状态进行实时监测和预测。

具体而言，该电梯故障预警系统采集了以下数据：电梯的运行速度、加速度、位置等特征参数。这些数据由电梯传感器实时采集，经过预处理和特征提取后，作为分类和预测模型的输入。

在该电梯故障预警系统中，特征提取和分类算法是非常关键的一环。特征提取算法是将原始数据转换为具有代表性和区分度的特征参数的过程，常用的特征提取算法包括小波变换、主成分分析等。分类算法则是将电梯的运行状态分为正常、异常等不同的类别，并预测电梯可能出现的故障情况。常用的分类算法包括支持向量机、朴素贝叶斯、决策树等。

当系统检测到电梯出现异常情况时,会自动发出警报并通知相关人员进行处理。同时,系统还会对电梯的维修和保养提供有效的支持,降低电梯故障和事故的发生率。

经过实际应用,该电梯故障预警系统取得了良好的效果。通过对采集到的电梯传感器数据进行特征提取和分类算法的处理,系统能够及时发现电梯的异常情况,准确预测电梯可能出现的故障,并提供相应的处理措施。这不仅提高了电梯的运行效率和安全性,也为业主提供了更加便捷和安全的出行环境。同时,该系统还能够对电梯的维修和保养进行有效的支持,降低电梯故障和事故的发生率。

（2）电梯运行调度系统

商业楼宇的电梯乘客流量较大,电梯的运行效率和安全性成为管理人员关注的焦点。为了提高电梯的运行效率和安全性,该商业楼宇引入了电梯运行态势研判方法,建立了电梯运行调度系统。该系统采集电梯传感器数据,通过特征提取和分类算法,对电梯乘客流量、运行状态等进行实时监测和预测。

具体而言,该电梯运行调度系统采集了以下数据:电梯乘客数量、电梯门开关时间、电梯上下行方向等特征参数。这些数据由电梯传感器实时采集,经过预处理和特征提取后,作为分类和预测模型的输入。

在该电梯运行调度系统中,特征提取和分类算法是非常关键的一环。特征提取算法是将原始数据转换为具有代表性和区分度的特征参数的过程,常用的特征提取算法包括小波变换、主成分分析等。分类算法则是根据电梯乘客流量和运行状态,自动调度电梯的运行路线和停靠时间,以提高电梯的运行效率和安全性。常用的分类算法包括支持向量机、朴素贝叶斯、决策树等。

当系统检测到电梯出现异常情况时,会自动发出警报并通知相关人员进行处理。同时,系统还能够预测电梯未来可能出现的故障,提供相应的维修和保养建议,降低电梯故障和事故的发生率。

经过实际应用,该电梯运行调度系统取得了显著的效果。通过对采集到的电梯传感器数据进行特征提取和分类算法的处理,系统能够根据电梯乘客流量和运行状态,自动调度电梯的运行路线和停靠时间,提高了电梯的运行效率和安全性。同时,该系统还能够预测电梯未来可能出现的故障,提供相应的维修和保养建议,降低了电梯故障和事故的发生率,为电梯的正常运行和乘客的出行安全提供了保障。

5.3　电梯安全态势评估方法

5.3.1　电梯安全态势评估的意义和目标

电梯作为现代城市交通运输的重要组成部分,其安全性一直备受关注。随着城市化进程的不断加速,电梯的数量和使用频率也在不断增加,电梯安全问题日益突出。因此,建立电梯安全态势评估体系,对于保障电梯的安全运行和乘客的出行安全具有重要的意义。

(1)意义

①提高电梯安全性。电梯作为现代城市中必不可少的交通工具,其安全性和可靠性一直备受关注。为了提高电梯的安全性和可靠性,电梯安全态势评估技术应运而生。该技术通过对电梯运行状态和安全状况进行实时监测和预测,发现和解决电梯存在的安全隐患,降低电梯事故的发生率。

电梯安全态势评估技术主要包括数据采集、特征提取、分类预测和安全评估等几个方面。其中,数据采集是电梯安全态势评估技术的基础,主要采用传感器等设备实时监测电梯的运行状态和安全情况,包括电梯乘客数量、电梯速度、电梯加速度、电梯停留时间等参数。特征提取则是将原始数据转换为具有代表性和区分度的特征参数的过程,常用的特征提取算法包括小波变换、主成分分析等。分类预测是根据电梯运行状态和安全状况进行预测和判断,常用的分类预测算法包括支持向量机、朴素贝叶斯等。安全评估则是根据预测结果对电梯的安全情况进行评估和分析,发现和解决电梯存在的安全隐患。

通过电梯安全态势评估技术,可以实现对电梯运行状态和安全状况的全面监测和评估,及时发现和解决电梯存在的安全隐患,提高电梯的安全性和可靠性,降低电梯事故的发生率。此外,电梯安全态势评估技术还能够预测电梯未来可能出现的故障,提供相应的维修和保养建议,降低了电梯故障和事故的发生率,为电梯的正常运行和乘客的出行安全提供了保障。

②优化电梯运行管理。电梯作为现代城市中必不可少的交通工具,其安全性和可靠性一直备受关注。为了实现对电梯的实时监测和预测,了解电梯的运行状态和安全状况,电梯安全态势评估技术应运而生。该技术通过对电梯的运行数据进行分析和处理,可以优化电梯的运行管理,提高电梯的运行效率和安全性。

表 5.1 电梯安全领域部分算法表

技术手段	含义
传感器等设备	实时监测电梯的运行状态和安全情况,包括电梯乘客数量、电梯速度、电梯加速度、电梯停留时间等参数
特征提取算法	将原始数据转换为具有代表性和区分度的特征参数的过程,常用算法包括小波变换、主成分分析等
分类预测算法	根据电梯运行状态和安全状况进行预测和判断,常用算法包括支持向量机、朴素贝叶斯等
安全评估	根据预测结果对电梯的安全情况进行评估和分析,发现和解决电梯存在的安全隐患

通过电梯安全态势评估技术,可以实现对电梯的实时监测和预测,了解电梯的运行状态和安全状况,为电梯的运行管理和维护提供有效的支持。例如,在电梯乘客流量较大时,可以通过评估电梯的运行状态和乘客需求,调整电梯的运行策略,缩短电梯等待时间,提高电梯的运行效率。

③保障乘客出行安全。电梯作为现代城市中必不可少的交通工具,其安全性和可靠性一直备受关注。为了及时发现电梯存在的安全隐患,提前预警,降低电梯事故的发生率,保障乘客的出行安全,电梯安全态势评估技术应运而生。同时,通过优化电梯的运行管理和维护,可以提高电梯的运行效率和安全性,为乘客提供更加便捷和安全的出行环境。

通过电梯安全态势评估技术,可以及时发现电梯存在的安全隐患,提前预警,降低电梯事故的发生率,保障乘客的出行安全。例如,在电梯发生异常情况时,系统会自动发出警报并通知相关人员进行处理。

同时,通过优化电梯的运行管理和维护,可以提高电梯的运行效率和安全性,为乘客提供更加便捷和安全的出行环境。例如,在电梯乘客流量较大时,可以通过评估电梯的运行状态和乘客需求,调整电梯的运行策略,缩短电梯等待时间,提高电梯的运行效率。

(2)目标

①建立电梯安全态势评估体系。

通过建立电梯安全态势评估体系,可以实现对电梯的实时监测和预测,发现和解决电梯存在的安全隐患,提高电梯的安全性和可靠性,降低电梯事故的发生率。例如,在电梯发生异常情况时,系统会自动发出警报并通知相关人员进行处理。

②实现电梯安全态势实时监测和预测。

通过电梯传感器数据的实时监测和预测,可以及时发现电梯存在的安全隐患。例如,在电梯发生异常情况时,系统会自动发出警报并通知相关人员进行处理。同时,通过对电梯传感器数据进行分析和处理,可以优化电梯的运行管理,提高电梯的运行效率和安全性。例如,在电梯乘客流量较大时,可以通过评估电梯的运行状态和乘客需求,调整电梯的运行策略,缩短电梯等待时间,提高电梯的运行效率。

③优化电梯运行管理和维护。

通过对电梯的运行数据进行分析和处理,可以发现电梯存在的问题和隐患,提出相应的解决方案,并优化电梯的运行策略。例如,在电梯乘客流量较大时,可以通过评估电梯的运行状态和乘客需求,调整电梯的运行策略,缩短电梯等待时间,提高电梯的运行效率。此外,还可以通过对电梯维修和保养记录的分析,制定更加科学和有效的维修和保养计划,延长电梯的使用寿命,提高电梯的可靠性和安全性。

通过优化电梯的运行管理和维护,可以提高电梯的运行效率和安全性,为乘客提供更加便捷和安全的出行环境。例如,在电梯运行过程中,如果发现电梯存在异常情况,管理人员可以通过电梯安全态势评估系统的实时监测和预测功能,及时发现问题并采取相应措施,保障乘客的出行安全。

5.3.2 电梯安全态势评估指标体系的建立

电梯安全态势评估指标体系是对电梯运行状态和安全状况进行全面评估的重要工具。建立合理的指标体系可以有效地发现和解决电梯存在的安全隐患,提高电梯的安全性和可靠性。本节将介绍电梯安全态势评估指标体系的建立过程。

(1)指标体系的构建

①确定评估目标:电梯作为现代城市交通的重要组成部分,其安全性和可靠性一直备受关注。为了评估电梯的安全状态和运行状况,需要明确评估目标,确保评估内容与电梯的使用环境、性能等因素密切相关。

评估目标应该包括电梯的安全性、可靠性、运行效率、维修保养等方面。首先,电梯的安全性是评估的重要目标之一。电梯的安全性评估应该包括电梯的结构安全性、运行安全性、紧急救援等方面,以保证电梯在运行过程中不发生安全事故。其次,电梯的可靠性也是评估的重要目标之一。电梯的可靠性评估应该包括电梯的运行稳定性、故障率、寿命等方面,以保证电梯在长期使用过程中具有足够的可靠性。此外,电梯的运行效率也是评估的重要目标之一。电梯的运行效率评估应该包括电梯的运行速度、乘客等待时间、乘客吞吐量等方面,以保证电梯在高峰期具有足够的运行效率。最后,电梯的维修保养也是评估的重要目标之一。电梯的维修保养评估应该包括电梯的维修保养记录、维修保养质量等方面,以保证电梯在长期使用过程中得到充分的维修保养。

通过明确评估目标,可以根据不同的评估目标采用不同的评估方法和指标,从而全面评估电梯的安全状态和运行状况。同时,评估结果也可以为电梯的运行管理和维护提供参考,优化电梯的运行策略,提高电梯的运行效率和安全性,降低电梯事故的发生率。随着交通大数据技术的不断发展,电梯行业将会迎来更多的机遇和挑战,电梯安全状态和运行状况的评估也将更加科学和智能化。

②选择评估指标:评估指标是对电梯安全状态和运行状况进行量化的具体指标,是评估目标的具体体现。评估指标应该具有科学性、客观性和可操作性,可以通过采集电梯传感器数据来实现。

评估指标的选择应该考虑到电梯的安全性、可靠性、运行效率、维修保养等方面。例如,电梯的故障率是评估电梯可靠性的重要指标之一,可以通过统计电梯故障次数来计算。同时,电梯的平均运行时间、平均停留时间等指标也是评估电梯运行效率的重要指标之一,可以通过采集电梯传感器数据来计算。此外,电梯的平均维修时间也是评估电梯维修保养的重要指标之一,可以通过统计电梯维修时间来计算。

评估指标的选择应该具有科学性和客观性,避免主观因素的干扰。同时,评估指标的可操作性也应该得到充分考虑,以便于实际操作和监测。通过采集电梯传感器数据,可以获取电梯的运行数据,从而计算评估指标。通过对评估指标的分析和处理,可以全面评估电梯的安全状态和运行状况,为电梯的运行管理和维护提供参考。

③建立指标体系:建立电梯安全态势评估指标体系是评估电梯安全状态和运行状况的重要手段。指标体系应该包括多个层次和多个维度,从而全面反映电梯的安全状态和运行状况。

具体来说,可以将指标分为安全性、可靠性、运行效率、维修保养等多个方面,每个方面再分为多个指标,形成一个多层次的指标体系。在安全性方面,可以包括电梯事故率、电梯紧急救援响应时间、电梯运行过程中的异常情况等指标;在可靠性方面,可以包括电梯故障率、电梯平均寿命、电梯运行稳定性等指标;在运行效率方面,可以包括电梯平均运行时间、电梯平均停留时间、电梯乘客吞吐量等指标;在维修保养方面,可以包括电梯平均维修时间、电梯维修保养质量等指标。

通过建立多层次的指标体系,可以全面评估电梯的安全状态和运行状况,并发现其中的问题和隐患。同时,指标体系也可以为电梯的运行管理和维护提供参考,优化电梯的运行策略,提高电梯的运行效率和安全性,降低电梯事故的发生率。

(2)指标体系的实现

①数据采集:为了实现电梯安全态势评估指标体系,需要采集并标定电梯曳引机、制动器、门机状态、平层位置等监测传感器精度指标,以准确采集和分类电梯各关键零部件正常或异常的运行状态指标、电气指标、故障信息码等。具体而言,一方面需要校验和标定电梯传感器的数据采集精度,若发现精度偏差超限,还需对采集到的数据进行预处理,如去除异常值、填充缺失值等,以保证数据的准确性和完整性。另一方面,为了方便后续的数据分析和处理,可以使用数据库等方式对采集到的数据进行存储,以便于后续的查询和分析。

在构建数据采集和处理指标过程中,需要考虑数据的安全性和隐私保护。例如,对于涉及乘客隐私的数据,需要采取措施建构脱敏处理规约,以保证数据的安全性和隐私保护。通过建立采集电梯传感器数据并进行预处理、清洗和存储的阈值指标,可以建立服役工况电梯的正常状态的数据特性指标,为后续的安全、剩余寿命等评估指标的计算和分析提供数据支持。通过对离群数据指标的分析和处理,可以发现电梯的潜在问题和隐患,给出相应的风险防范措施,优化电梯的运行策略,提高电梯的安全性和可靠性。

②数据分析:通过对采集到的数据进行分析和处理,可以得出电梯的各项指标值。这些指标值可以用于评估电梯的安全状态和运行状况,发现并解决存在的安全隐患。

具体来说,通过对采集到的数据进行统计和分析,可以得出电梯的故障率、平均运行时间、平均停留时间、乘客吞吐量等指标值。这些指标值可以与相关的标准进行比较,评估电梯的安全状态和运行状况。如果指标值超过了规定的标准范围,说明电梯存在安全隐患,需要及时处理和维修。

通过对指标值的分析和处理,还可以发现电梯的问题和隐患,并提出相应的改进措施。例如,如果电梯的故障率较高,可以加强电梯的维护保养工作;如果电梯的平均运行时间较长,可以优化电梯的运行策略,提高电梯的运行效率。

③安全评估:根据建立的指标体系,可以对电梯的安全性、可靠性、运行效率、维修保养等方面进行评估。评估结果应该能够反映出电梯存在的安全隐患和问题,并提供相应的解决方案。

具体来说,通过对电梯的各项指标值进行分析和比较,可以评估电梯的安全状态和运行状况。如果指标值超过了规定的标准范围,说明电梯存在安全隐患,需要及时处理和维修。例如,如果电梯的故障率较高,说明电梯的可靠性存在问题,需要加强电梯的维护保养工作;如果电梯的平均运行时间较长,说明电梯的运行效率存在问题,需要优化电梯的运行策略。

通过评估结果,还可以发现电梯存在的问题和隐患,并提供相应的解决方案。例如,如果电梯的故障率较高,可以建立完善的维护保养计划,加强对电梯设备的检修和维护;如果电梯的运行效率较低,可以优化电梯的运行策略,如调整电梯的运行速度和停靠楼层。

(3)指标体系的优化

电梯安全态势评估指标体系需要不断进行优化和改进,以适应电梯运行管理和维护的需求。在实际应用中,可以根据电梯的使用环境和性能特点,对指标体系进行调整和完善,提高评估的准确性和有效性。

具体来说,电梯的使用环境和性能特点会影响到电梯的运行状态和安全状况,因此需要根据实际情况对指标体系进行调整和优化。例如,如果电梯所处的地区气候较为潮湿,可以增加电梯防潮性能的评估指标;如果电梯的使用频率较高,可以增加电梯耐久性的评估指标。

在指标体系的调整和完善过程中,还需要考虑指标之间的相关性和权重分配。不同指标之间可能存在相关性,需要进行分析和处理,以避免重复计算和误判。此外,各个指标的权重也需要进行合理的分配,以保证评估结果的准确性和有效性。

通过不断的优化和改进,电梯安全态势评估指标体系可以更好地适应电梯运行管理和维护的需求,提高评估的准确性和有效性。同时,指标体系的优化和改进也可以为电梯的运行管理和维护提供更加科学和智能化的支持,优化电梯的运行策略,提高电梯的安全性和运行效率。

电梯安全态势评估指标体系需要根据电梯的使用环境和性能特点进行调整和完善，以提高评估的准确性和有效性。在指标体系的调整和完善过程中，还需要考虑指标之间的相关性和权重分配，以保证评估结果的准确性和有效性。

5.3.3 电梯安全态势评估方法的建立与应用案例

电梯安全态势评估是对电梯运行状态和安全状况进行全面评估的重要工具。本节将介绍电梯安全态势评估方法的建立和应用案例。

（1）电梯安全态势评估方法的建立

①数据采集：为了实现电梯安全态势评估，需要采集电梯相关的传感器数据，包括电梯的运行状态、乘客流量、故障信息等。通过采集这些数据，可以对电梯的安全状态和运行状况进行评估，并发现存在的安全隐患和问题。

在采集数据的过程中，需要安装相应的传感器设备，以监测电梯的运行状态、乘客流量、故障信息等。采集到的数据需要进行预处理、清洗和存储，以便后续的分析和处理。预处理的过程包括去除异常值、填充缺失值等操作，以保证数据的准确性和完整性。清洗的过程包括去除重复数据、纠正错误数据等操作，以提高数据的质量。存储的方式可以使用数据库等技术，以便于后续的查询和分析。

通过采集电梯相关的传感器数据，并进行预处理、清洗和存储，可以获取电梯的运行数据，为后续的评估指标计算和分析提供数据支持。通过对数据的分析和处理，可以发现电梯的问题和隐患，提出相应的改进措施，优化电梯的运行策略，提高电梯的安全性和运行效率。

②特征提取：通过对采集到的数据进行特征提取，可以得到电梯的各项指标值，包括电梯的故障率、平均运行时间、平均停留时间、平均维修时间等。这些指标可以用于评估电梯的安全状态和运行状况。具体来说，特征提取是将原始数据转换为可用于分析和处理的特征值的过程。在电梯数据分析中，可以通过统计和计算的方式，提取出电梯的各项指标值。例如，可以统计电梯的故障次数，计算电梯的平均运行时间和平均停留时间等指标值。

通过对特征值的提取和计算，可以得到电梯的各项指标值，用于评估电梯的安全状态和运行状况。如果指标值超过了规定的标准范围，说明电梯存在安全隐患，需要及时处理和维修。例如，如果电梯的故障率较高，说明电梯的可靠性存在问题，需要加强电梯的维护保养工作；如果电梯的平均运行时间较长，说明电梯的运行效率存在问题，需要优化电梯的运行策略。

通过特征提取和指标计算，可以为电梯的运行管理和维护提供科学依据和决策支持。同时,指标值的分析和处理也可以发现电梯存在的问题和隐患,并提出相应的改进措施,优化电梯的运行策略,提高电梯的安全性和运行效率。

③模型构建:基于采集到的数据和特征值,可以构建电梯安全态势评估模型。评估模型可以采用机器学习、数据挖掘等方法进行构建,根据电梯的使用环境和性能特点进行调整和优化。具体来说,电梯安全态势评估模型是对电梯安全状态和运行状况进行预测和分析的数学模型。评估模型的构建可以采用机器学习、数据挖掘等方法,通过对历史数据的分析和处理,提取出电梯的特征值,并建立相应的预测模型。在实际应用中,还可以结合电梯的使用环境和性能特点,对模型进行调整和优化,以提高评估的准确性和有效性。

电梯安全态势评估模型的构建需要考虑多个因素,包括数据采集、特征提取、模型选择和参数优化等。在数据采集和特征提取方面,需要选取合适的传感器设备和算法,以获取准确的电梯数据和特征值。在模型选择和参数优化方面,需要根据电梯的使用环境和性能特点,选择合适的模型和算法,并对模型参数进行优化调整,以提高预测的准确性和泛化能力。

通过构建电梯安全态势评估模型,可以实现对电梯的安全状态和运行状况进行预测和分析,发现存在的问题和隐患,并提出相应的改进措施。评估模型的应用还可以为电梯的运行管理和维护提供科学依据和决策支持,优化电梯的运行策略,提高电梯的安全性和运行效率。

④评估结果:通过评估模型,可以得到电梯的安全状态和运行状况评估结果。评估结果可以反映出电梯存在的安全隐患和问题,并提供相应的解决方案。具体来说,电梯安全态势评估模型可以对电梯的安全状态和运行状况进行预测和分析,得出相应的评估结果。评估结果可以包括电梯的故障率、平均运行时间、平均停留时间、平均维修时间等指标值,用于评估电梯的安全状态和运行状况。如果评估结果超过了规定的标准范围,说明电梯存在安全隐患,需要及时处理和维修。

评估结果可以为电梯的运行管理和维护提供科学依据和决策支持。例如,如果评估结果显示电梯的故障率较高,说明电梯的可靠性存在问题,需要加强电梯的维护保养工作;如果评估结果显示电梯的平均运行时间较长,说明电梯的运行效率存在问题,需要优化电梯的运行策略。

评估结果还可以提供相应的解决方案,帮助电梯的运营管理人员和维护人员及时发现问题,并采取相应的措施进行处理。例如,如果评估结果显示电梯的故障率较高,可以加强对电梯设备的检查和维护,提高电梯设备的可靠性和稳定性;如果评估结果显示电梯的平均运行时间较长,可以优化电梯的运行策略,减少电梯的等待时间和停留时间,提高电梯的运行效率。

（2）应用案例

①电梯故障预警系统：电梯故障预警系统是基于电梯安全态势评估方法开发的一种应用。该系统通过采集电梯传感器数据，分析电梯的运行状态和安全状况，实现对电梯故障的预测和预警。具体来说，电梯故障预警系统可以采集电梯的传感器数据，包括电梯的运行状态、乘客流量、故障信息等。通过对数据的分析和处理，可以提取出电梯的特征值，并基于此构建电梯安全态势评估模型。评估模型可以对电梯的安全状态和运行状况进行预测和分析，发现存在的问题和隐患，并提供相应的解决方案。

在评估模型的基础上，电梯故障预警系统可以实现对电梯故障的预测和预警。当电梯存在异常情况时，系统会自动发出预警信号，提醒维修人员及时处理，避免电梯事故的发生。例如，如果电梯的故障率超过了规定的标准范围，系统会发出故障预警信号，提示维修人员进行检修和维护；如果电梯的运行时间超过了规定的标准范围，系统会发出运行预警信号，提示维修人员优化电梯的运行策略。

通过电梯故障预警系统的应用，可以实现对电梯的安全状态和运行状况进行实时监测和预测，发现存在的问题和隐患，并及时采取相应的措施进行处理。预警系统的应用还可以提高电梯的安全性和运行效率，避免电梯事故的发生，保障乘客的安全和权益。

②电梯运行调度系统：电梯运行调度系统是基于电梯安全态势评估方法开发的另一种应用。该系统通过采集电梯传感器数据，分析电梯的运行状态和乘客流量，实现对电梯运行的智能调度。具体来说，电梯运行调度系统可以采集电梯的传感器数据，包括电梯的运行状态、乘客流量、故障信息等。通过对数据的分析和处理，可以提取出电梯的特征值，并基于此构建电梯安全态势评估模型。评估模型可以对电梯的安全状态和运行状况进行预测和分析，发现存在的问题和隐患，并提供相应的解决方案。

在评估模型的基础上，电梯运行调度系统可以实现对电梯运行的智能调度。系统可以根据电梯的使用情况和乘客需求，调整电梯的运行模式和路线，提高电梯的运行效率和安全性。例如，如果某个电梯的乘客流量较大，系统可以自动将该电梯调整为优先服务模式，提高运行速度和响应速度；如果某个电梯的故障率较高，系统可以自动将该电梯调整为维修模式，避免发生意外事故。

通过电梯运行调度系统的应用，可以实现对电梯的安全状态和运行状况进行实时监测和调整，提高电梯的运行效率和安全性，满足乘客的出行需求。调度系统的应用还可以降低电梯的能耗和维护成本，减少电梯设备的损耗和故障率，延长电梯的使用寿命。

5.4 本章小结

本章主要介绍了基于大数据的电梯运行态势感知技术的研究，包括电梯安全态势感知模型的建立、电梯运行态势研判方法和电梯安全态势评估方法。通过对这些内容的深入探讨,可以更好地理解和应用电梯运行态势感知技术,提高电梯的安全性和运行效率。

本章介绍了电梯安全态势感知模型的概念和定义,并详细阐述了电梯安全态势感知模型的建立方法。通过采集电梯传感器数据,分析电梯的运行状态和乘客流量,可以构建电梯安全态势感知模型。此外,本章还通过实际案例来展示电梯安全态势感知模型的应用价值,说明该模型可以有效地提高电梯的安全性和运行效率。

本章探讨了电梯运行态势研判方法的基本原理,并详细介绍了电梯运行态势研判方法的建立过程。通过对电梯传感器数据的分析和处理,可以实现对电梯运行状态和乘客流量的实时监测和调整。此外,本章还通过实际案例来展示电梯运行态势研判方法的应用价值,说明该方法可以帮助电梯运营企业更好地管理和调度电梯,提高运行效率,改善用户体验。

本章的内容涵盖了电梯安全态势感知模型建立、电梯运行态势研判方法和电梯安全态势评估方法三个方面。读者可以了解到基于大数据的电梯运行态势感知技术的最新研究进展和应用现状,为电梯运营企业提供科学、智能化的管理和调度手段,提高电梯的安全性和运行效率。

参考文献

[1]钱兰英.住宅小区老旧电梯更新改造方案的确定与施工难点[J].中国电梯,2022,33(18):52-54.

[2]徐明星.电梯设备运维决策技术研究[J].建筑机械,2023(04):32-35.

[3]曾远跃.基于多传感器融合的电梯门状态检测方法[J].信息技术,2022(10):46-50.

[4]呙娓仂,张媛媛,吴占稳.FMECA 在电梯安全评估中的应用[J].中国特种设备安全,2022,38(7): 47-50.

第6章

总结及展望

本书阐述了多源传感数据融合、并行存储、数据处理、安全研判等关键技术,突破了传统多源传感数据监测的电梯安全感知相关关键技术,建立了电梯大数据感知体系和基础理论,为电梯智能制造、安全运行和智能运维等相关应用提供了新思路和新方法。

6.1 研究成果总结

6.1.1 主要内容

书中阐述了基于大数据的电梯运行态势感知技术,旨在探索利用大数据技术实现对电梯运行状态和安全状况的全面感知。本书的主要内容如下。

(1)建立电梯运行态势感知体系

基于大数据技术,通过采集电梯相关的传感器数据,分析和处理数据,建立了电梯运行态势感知体系。该体系可以实现对电梯的实时监测和预测,发现和解决电梯存在的安全隐患,提高电梯的安全性和可靠性,为电梯运营企业提供科学、智能化的管理和调度手段。

在电梯安全态势感知模型的建立中,本书首先明确了电梯安全态势感知模型的概念和定义,并详细阐述了电梯安全态势感知模型的建立方法。通过采集电梯传感器数据,对电梯的运行状态和乘客流量进行分析,可以构建电梯安全态势感知模型,从而实现对电梯运行状态的实时监测和预测。在实际应用中,该模型可以帮助电梯运营企业发现和解决电梯存在的安全隐患,提高电梯的安全性和可靠性。

在电梯运行态势研判方法的建立中,本书探讨了电梯运行态势研判方法的基本原理,并详细介绍了电梯运行态势研判方法的建立过程。通过对电梯传感器数据的分析和处理,可以实现对电梯运行状态和乘客流量的实时监测和调整,从而提高电梯的运行效率和用户体验。在实际应用中,该方法可以帮助电梯运营企业更好地管理和调度电梯,提高运行效率和用户满意度。

在电梯安全态势评估方法的建立中,本书重点介绍了电梯安全态势评估方法。首先,阐述了电梯安全态势评估的意义和目标,强调了该方法对提高电梯安全性和运行效率的重要作用。接着,详细介绍了电梯安全态势评估指标体系的建立过程,并通过实际案例来展示电梯安全态势评估方法的应用价值。通过对电梯运行状态和乘客流量等多个指标进行综合评估,可以发现存在的问题和隐患,并提供相应的解决方案,从而提高电梯的安全性和运行效率。

(2)提出电梯安全态势评估方法

本书提出了基于大数据的电梯安全态势评估方法,该方法可以通过采集电梯传感器数据,对电梯的运行状态和安全状况进行全面评估,为电梯运行管理和维护提供有益的参考和指导。

在电梯安全态势评估的意义和目标方面,本书强调了电梯安全态势评估的重要性,指出该方法可以帮助电梯运营企业发现和解决电梯存在的安全隐患,提高电梯的安全性和可靠性。在此基础上,详细介绍了电梯安全态势评估指标体系的建立过程,包括对电梯运行状态和乘客流量等多个指标进行综合评估。通过对这些指标的分析和处理,可以实现对电梯的安全状态和运行状况进行全面评估,发现存在的问题和隐患,并提供相应的解决方案。

在电梯安全态势评估方法的建立方面,本书重点介绍了基于大数据技术的电梯安全态势评估方法。该方法可以通过采集电梯传感器数据,分析电梯的运行状态和安全状况,实现对电梯的安全状态和运行状况进行全面评估。在实际应用中,该方法可以帮助电梯运营企业发现和解决电梯存在的安全隐患,提高电梯的安全性和可靠性。此外,还通过实际案例来展示了电梯安全态势评估方法的应用价值,说明该方法可以为电梯运行管理和维护提供有益的参考和指导。

(3)开发电梯故障预警系统和电梯运行调度系统

基于电梯运行态势感知体系和电梯安全态势评估方法,本书开发了电梯故障预警系统和电梯运行调度系统。这些应用系统可以实现对电梯的实时监测和预测,发现和解决电梯存在的安全隐患,提高电梯的安全性和可靠性,为电梯运营企业提供科学、智能化的管理和调度手段。

在电梯故障预警系统的开发中,本书利用电梯运行态势感知体系和电梯安全态势评估方法,建立了电梯故障预警模型。该模型可以通过对电梯传感器数据的分析和处理,实现对电梯故障的实时监测和预测。在实际应用中,该系统可以帮助电梯运营企业及时发现和解决电梯存在的故障问题,提高电梯的安全性和可靠性。

在电梯运行调度系统的开发中,本书利用电梯运行态势感知体系和电梯安全态势评估方法,建立了电梯运行调度模型。该模型可以通过对电梯传感器数据的分析和处理,实现对电梯运行状态和乘客流量的实时监测和调整。

(4)电梯运行管理和维护的智能化和信息化

在电梯运行管理方面,本书利用电梯运行态势感知体系和电梯安全态势评估方法,建立了电梯故障预警系统和电梯运行调度系统。在电梯维护方面,本书利用电梯运行态势感知体系和电梯安全态势评估方法,建立了电梯维护管理系统。该系统可以通过对电梯传感器数据的分析和处理,实现对电梯设备的故障诊断和预防性维护,提高电梯设备的可靠性和使用寿命。在实际应用中,该系统可以帮助电梯运营企业制定更加科学、合理的维护计划,降低维护成本和风险。

6.1.2　实际应用价值

本书阐述了基于大数据技术,实现对电梯运行状态和安全状况的全面感知,提出了电梯安全态势评估方法,并开发了电梯故障预警系统和电梯运行调度系统。这些研究成果具有广泛的实际应用价值,主要体现在以下几个方面。

(1)提高电梯的安全性和可靠性

通过采用电梯安全态势评估方法,可以实现对电梯的全面评估和监测,及时发现和解决电梯存在的安全隐患和问题,从而提高电梯的安全性和可靠性。本书建立了电梯安全态势评估指标体系,并利用大数据技术对电梯传感器数据进行分析和处理,实现对电梯运行状态和安全状况的全面评估。通过对这些指标的综合评估,可以实现对电梯的安全状态和运行状况进行全面评估,发现存在的问题和隐患,并提供相应的解决方案。

同时,电梯故障预警系统也是电梯安全管理的重要手段。该系统可以实现对电梯故障的实时预测和预警,帮助电梯运营企业及时发现和解决电梯存在的故障问题,提高电梯的维修效率和质量,保障乘客的安全出行。在该系统的应用中,本书利用电梯运行态势感知体系和大数据技术,建立了电梯故障预警模型。通过对电梯传感器数据的分析和处理,可以实现对电梯故障的实时监测和预测,提高电梯运营企业的应急管理能力和维修效率。

(2)优化电梯的运行效率

通过采用电梯运行调度系统,可以实现对电梯的智能调度和优化,提高电梯的运行效率和服务质量。在该系统的应用中,利用电梯运行态势感知体系和大数据技术,建立了电梯运行调度模型。该模型可以根据电梯的使用情况和乘客需求,调整电梯的运行模式和路线,降低乘客等待时间和电梯运行成本,提高电梯的服务效率和用户满意度。

在实际应用中,电梯运行调度系统可以帮助电梯运营企业更好地管理和调度电梯。通过对电梯传感器数据的分析和处理,可以实现对电梯运行状态和乘客流量的实时监测和调整。在高峰期,系统可以根据乘客需求和电梯的空闲情况,动态调整电梯的路线和运行模式,最大限度地提高电梯的运行效率和服务质量。在低谷期,系统可以根据电梯的使用情况和节能要求,优化电梯的运行模式和维护计划,降低电梯运行成本,提高电梯的可持续发展能力。

（3）推广应用到其他领域

本书所采用的方法和技术可以推广应用到其他领域，比如建筑物、交通设施、厂房等。在这些领域，同样需要实现对设施运行状态和安全状况的全面感知和评估，以提高设施的使用效率和安全性。

在建筑物领域，可以利用大数据技术实现对建筑物的全面感知和评估，包括对建筑物的结构、材料、设备等方面进行监测和分析，发现建筑物存在的安全隐患和问题，并提供相应的解决方案。同时，还可以利用大数据技术实现对建筑物的能耗管理和节能控制，提高建筑物的能源利用效率和可持续发展能力。

在交通设施领域，可以利用大数据技术实现对交通设施的全面感知和评估，包括对道路、桥梁、隧道、交通信号灯等方面进行监测和分析，发现交通设施存在的安全隐患和问题，并提供相应的解决方案。同时，还可以利用大数据技术实现对交通流量的预测和调度，优化交通流动，提高交通运行效率和安全性。

在厂房领域，可以利用大数据技术实现对厂房的全面感知和评估，包括对生产设备、物流系统、能源管理等方面进行监测和分析，发现厂房存在的安全隐患和问题，并提供相应的解决方案。同时，还可以利用大数据技术实现对生产过程的监测和调度，优化生产流程，提高生产效率和生产质量。

6.1.3 本书研究成果的局限性

本书基于大数据技术，实现了对电梯运行状态和安全状况的全面感知，并提出了电梯安全态势评估方法，开发了电梯故障预警系统和电梯运行调度系统。然而，本研究的成果还存在一些局限性，主要包括以下几个方面。

（1）数据质量问题

本书所采集的电梯传感器数据可能存在误差和缺失，这会影响到电梯运行状态和安全状况的评估结果。在数据质量方面，需要进一步完善数据的质量控制和处理方法，以提高数据的准确性和可靠性。

首先，可以通过采用多种传感器和监测设备，提高数据的采集精度和覆盖范围，减少数据缺失和误差的发生。同时，在数据采集过程中，还需要加强对传感器设备的维护和管理，保证设备的正常运行和数据的准确性。

其次，在数据处理方面，可以采用多种数据清洗、校准和插补方法，对数据进行筛选、去噪和补全，提高数据的准确性和可靠性。例如，可以利用统计学和机器学习方法，对数据进行分析和处理，发现数据中存在的异常值和缺失值，并进行相应的修复和补全操作。

最后，在数据应用方面，还需要加强对数据的验证和评估，确保数据的正确性和有效性。例如,可以采用交叉验证和模型评估方法,对数据进行验证和评估,发现数据中存在的问题并进行相应的优化和改进。

（2）数据安全问题

本书总结的研究中所采集的电梯传感器数据涉及用户的隐私和安全问题,如果不加以保护,可能会导致信息泄露和滥用。因此,在后续的研究中需要加强数据的安全保护措施,保证数据的机密性和完整性。

首先,需要采用合法、透明和公正的数据采集方式,明确数据采集的目的和范围,避免对用户隐私的侵犯和滥用。同时,在数据采集过程中,还需要加强对用户个人信息的保护,确保用户个人信息的安全和隐私。

其次,在数据存储和传输方面,需要采用安全可靠的技术和方法,保证数据的机密性和完整性。例如,可以采用加密和访问控制等技术手段,对数据进行加密和权限管理,防止数据被非法获取和篡改。

最后,在数据处理和应用方面,还需要加强对数据的审查和监管,确保数据的合法性和有效性。例如,可以采用数据脱敏和匿名化等技术手段,对数据进行处理和转换,保护用户的隐私和安全。

（3）系统稳定性问题

此次研究开发的电梯故障预警系统和电梯运行调度系统需要长期稳定运行,而大数据技术的应用和系统架构的复杂性可能导致系统的不稳定性和故障。因此,在后续的研究中需要加强系统的可靠性和稳定性,提高系统的运行效率和质量。

首先,在系统设计和开发过程中,需要采用可靠的技术和方法,确保系统的安全性、可靠性、可用性和可维护性。例如,可以采用分布式系统架构、容错机制和灾备方案等技术手段,提高系统的稳定性和容错能力。同时,在系统开发过程中,还需要进行全面的测试和评估,发现系统存在的问题并进行相应的优化和改进。

其次,在系统运行和维护方面,需要加强对系统的监测和管理,及时发现和解决系统存在的问题和故障。例如,可以采用实时监控和预警机制,对系统运行状态进行全面感知和评估,及时发现系统存在的问题并进行相应的处理和维护。

最后,在系统升级和更新方面,还需要采用合理的策略和方法,确保系统的稳定性和兼容性。例如,可以采用增量式升级和灰度发布等技术手段,降低系统升级和更新对系统运行的影响,保证系统的稳定性和可靠性。

（4）特定场景适用性问题

本书论述的电梯运行态势感知技术是针对电梯的特定场景进行设计和优化的,可能存在适用范围的限制。在实际应用中,需要根据具体场景的特点和需求进行调整和优化,以提高技术的适用性和实用性。

首先,需要充分了解目标场景的特点和需求,包括电梯的种类、使用环境、运行规律等方面的信息,以确定技术的适用范围和优化方向。例如,在高层建筑中的电梯运行态势感知技术可能需要考虑电梯的运行速度、负载情况、乘客数量等因素,而在公共交通场所的电梯运行态势感知技术则需要考虑电梯的运行频次、乘客流量、安全管理等因素。

其次,需要采用合适的技术和方法,对目标场景进行模拟和测试,发现技术存在的问题和局限性,并进行相应的优化和改进。例如,在电梯运行态势感知技术中,可以采用机器学习、深度学习等技术手段,对数据进行分析和处理,发现电梯存在的风险和隐患,并提供相应的预警和调度策略。

最后,在实际应用中,还需要加强对技术的监测和管理,确保技术的稳定性和可靠性。例如,在电梯运行态势感知技术中,可以采用实时监控和预警机制,对电梯运行状态进行全面感知和评估,及时发现电梯存在的问题并进行相应的处理和维护。

6.2 不足和展望

6.2.1 研究过程中存在的问题和不足

本书阐述了基于大数据的电梯运行态势感知技术的研究,虽然取得了一定的研究成果,但在研究过程中也存在一些问题和不足。主要表现在以下几个方面。

(1)数据采集和处理的难度较大

此次研究所需采集的电梯传感器数据种类繁多、数量庞大,而且数据质量和完整性对研究结果的影响较大,数据采集和处理的难度较大。在研究过程中,需要花费大量时间和精力对数据进行清洗、预处理和分析,以保证数据的准确性和可靠性。

首先,在数据采集方面,需要采用多种传感器和监测设备,提高数据的采集精度和覆盖范围,减少数据缺失和误差的发生。同时,在数据采集过程中,还需要加强对传感器设备的维护和管理,保证设备的正常运行和数据的准确性。

其次,在数据处理方面,我们需要采用多种数据清洗、校准和插补方法,对数据进行筛选、去噪和补全,提高数据的准确性和可靠性。例如,可以利用统计学和机器学习方法,对数据进行分析和处理,发现数据中存在的异常值和缺失值,并进行相应的修复和补全操作。

最后,在数据分析和应用方面,还需要加强对数据的验证和评估,确保数据的正确性和有效性。例如,可以采用交叉验证和模型评估方法,对数据进行验证和评估,发现数据中存在的问题并进行相应的优化和改进。

(2)缺乏专业的电梯领域知识

此次研究所涉及的电梯领域知识比较专业和复杂,需要具备丰富的实践经验和专业知识才能进行深入研究。在研究过程中,由于缺乏专业的电梯领域知识,可能会对研究结果的准确性和可靠性产生一定的影响。

首先,需要加强对电梯领域知识的学习和了解,深入了解电梯的工作原理、运行规律和安全管理等方面的知识,以提高对电梯领域的理解和把握。例如,研究人员可以通过阅读相关文献、参观电梯厂家和维保公司等方式,深入了解电梯领域的专业知识和实践经验。

其次,在研究过程中,需要与电梯领域的专业人士进行交流和合作,借鉴他们的实践经验和专业知识,以提高研究结果的准确性和可靠性。例如,研究人员可以邀请电梯厂家、维保公司等专业人士参与研究,并与他们开展深入的交流和合作,共同探讨电梯领域的专业问题。

最后,在研究结果的应用和推广方面,还需要加强对电梯领域知识的普及和宣传,提高公众对电梯安全的认知和重视程度。例如,可以通过举办学术会议、发布研究成果等方式,向公众普及电梯领域的知识和技术,促进公众对电梯安全的关注和重视。

(3)研究方法和技术的局限性

此次研究所采用的研究方法和技术在某些方面存在局限性,比如电梯传感器数据采集和处理、安全态势评估方法、故障预警系统和运行调度系统等方面。在后续的研究中,需要进一步完善和优化相关的技术和方法,以提高研究结果的准确性和可靠性。

首先,在电梯传感器数据采集和处理方面,需要进一步完善和优化传感器设备和监测系统,提高数据采集精度和覆盖范围,减少数据缺失和误差的发生。同时,在数据处理方面,需要采用更加精细和高效的数据清洗、校准和插补方法,提高数据的准确性和可靠性。例如,研究人员可以采用深度学习、神经网络等方法,对数据进行分析和处理,发现数据中存在的异常值和缺失值,并进行相应的修复操作。

其次,在安全态势评估方面,需要进一步研究和探索新的评估指标和方法,以更为准确地评估电梯的安全状况。例如,研究人员可以采用风险评估、安全评估等方法,对电梯的运行状态和安全性进行全面评估,并提出相应的改进和优化建议。

再次,在故障预警系统和运行调度系统方面,需要加强对系统的优化和改进,提高故障检测和预警的准确性和及时性。例如,研究人员可以采用智能化、自适应等技术手段,对系统进行优化和改进,提高系统的可靠性和稳定性。

最后,在研究结果的应用和推广方面,还需要加强对技术的推广和普及,提高公众对电梯安全的认知和重视程度。例如,可以通过开展培训、宣传活动等方式,向公众普及电梯领域的知识和技术,提高公众对电梯安全的认知和关注程度。

(4)实验环境的不充分

此次研究所进行的实验主要是在模拟环境下进行的,实验环境的不充分可能会对研究结果产生影响。在后续的研究中,需要加强对实际场景的研究和验证,以提高研究结果的可信度和适用性。

首先,在实验设计方面,需要更加注重实验环境的真实性和充分性,尽可能地模拟出实际场景下的电梯运行和安全管理情况。例如,研究人员可以选择一些典型的电梯场所,如写字楼、商场等,进行实地调查和研究,以便了解电梯运行的真实情况和存在的问题。

其次,在实验过程中,需要加强对实验数据的采集和处理,提高数据的准确性和可靠性。例如,研究人员可以采用多种传感器和监测设备,对电梯的运行状态和安全性进行全面监测和记录,并利用统计学和机器学习等方法,对数据进行分析和处理,发现数据中存在的异常值和缺失值,并进行相应的修复和补全操作。

最后,在研究结果的应用和推广方面,还需要加强对实际场景的验证和评估,以提高研究结果的可信度和适用性。例如,研究人员可以选择一些典型的电梯场所,进行实地测试和应用,验证研究成果的有效性和可行性,并根据实际情况进行相应的优化和改进。

6.2.2　未来研究的方向和重点

本书阐述的研究基于大数据技术,实现了对电梯运行状态和安全状况的全面感知,并提出了电梯安全态势评估方法,开发了电梯故障预警系统和电梯运行调度系统。未来的研究方向和重点主要包括以下几个方面。

(1)研究电梯运行状态和安全状况的多源信息融合方法

目前,电梯传感器数据只是电梯运行状态和安全状况的部分反映,还需要结合其他数据源(如天气数据、人流数据等)进行综合分析和评估,以便更全面地了解电梯的运行情况和安全状况。

首先,需要对电梯运行状态和安全状况的多源信息进行收集和整合,建立多源数据的综合数据库。例如,研究人员可以收集电梯传感器数据、天气数据、人流数据等多种数据源,并将其进行整合和清洗,建立一套完整的电梯运行状态和安全状况的多源信息数据库。

其次,在数据分析和处理方面,需要采用多种数据挖掘和机器学习等方法,对多源数据进行分析和处理,发现数据之间的关联性和规律性,并提出相应的预测和优化建议。例如,研究人员可以利用时间序列分析、聚类分析等方法,对电梯运行状态和安全状况进行分析和预测,提高电梯故障预警和维护效率。

最后,在应用和推广方面,需要将多源信息融合方法应用于电梯安全管理和维护,并加强对技术的普及和推广。例如,研究人员可以开发一些基于多源信息融合的电梯安全管理和维护系统,为电梯管理人员提供实时的运行状态和安全状况监测,并根据数据分析结果提出相应的优化和改进建议。

（2）进一步优化电梯故障预警和运行调度系统

电梯故障预警和运行调度系统是本研究的重要成果，未来的研究方向是进一步优化系统的算法和模型，提高预测和调度的准确性和效率。同时，还需要研究智能化的电梯运行调度方法，以提高电梯的服务质量和用户体验。

首先，在系统算法和模型方面，需要采用更加精细和高效的算法和模型，提高预测和调度的准确性和效率。例如，研究人员可以采用深度学习、神经网络等方法，对数据进行分析和处理，发现数据中存在的异常值和缺失值，并进行相应的修复和补全操作。同时，研究人员还可以采用基于大数据的机器学习算法，对电梯运行状态和安全状况进行预测和评估，提高电梯故障预警和运行调度的准确性和效率。

其次，在智能化的电梯运行调度方法方面，需要采用智能化的技术手段，对电梯运行调度进行优化和改进。例如，研究人员可以采用基于深度强化学习的电梯调度方法，对电梯运行状态和用户需求进行实时监测和分析，并根据数据分析结果进行智能化的调度决策，提高电梯的服务质量和用户体验。

最后，在应用和推广方面，需要将优化后的系统算法和模型以及智能化的电梯运行调度方法应用于实际场景中，并加强对技术的普及。例如，研究人员可以开发一些基于大数据的电梯故障预警和运行调度系统，并将其应用于电梯安全管理和维护中，为电梯管理人员提供实时的运行状态和安全状况监测，并根据数据分析结果提出相应的优化和改进建议。

（3）探索电梯安全态势评估的深度学习方法

本书提出的电梯安全态势评估方法主要是基于传统的机器学习方法，未来的研究方向是探索更加先进的深度学习方法，以提高电梯安全态势评估的准确性和效率。

首先，在数据处理和特征提取方面，需要采用更加精细和高效的方法，提高数据的准确性和可靠性。例如，研究人员可以采用基于深度学习的自动特征提取方法，对电梯传感器数据进行分析和处理，并提取出更加准确和有效的特征信息，用于电梯安全态势评估。

其次，在模型设计和算法优化方面，需要采用更加先进和高效的深度学习算法，提高电梯安全态势评估的准确性和效率。例如，研究人员可以采用卷积神经网络、循环神经网络等深度学习模型，对电梯传感器数据进行分析和处理，发现数据中存在的异常值和缺失值，并进行相应的修复和补全操作。同时，还可以采用基于大数据的深度学习算法，对电梯运行状态和安全状况进行预测和评估，提高电梯安全态势评估的准确性和效率。

最后，在应用和推广方面，需要将优化后的深度学习模型和算法应用于电梯安全管理和维护中，并加强对技术的普及和推广。例如，研究人员可以开发一些基于深度学习的电梯安全态势评估系统,并将其应用于电梯安全管理和维护中,为电梯管理人员提供实时的运行状态和安全状况监测,并根据数据分析结果提出相应的优化和改进建议。

(4)研究电梯运行管理和维护的智能化和自动化方法

本书阐述的电梯运行态势感知技术可以为电梯运行管理和维护的智能化和自动化提供有益的参考和指导。

首先,在智能化的电梯运行管理方面,需要采用智能化的技术手段,对电梯运行管理进行优化和改进。例如,研究人员可以开发基于大数据的电梯运行管理系统,实时监测和分析电梯运行状态和安全状况,并根据数据分析结果进行智能化的调度和优化,提高电梯的服务质量和用户体验。

其次,在自动化的电梯维护方面,需要采用自动化的技术手段,对电梯维护进行优化和改进。例如,研究人员可以开发基于物联网的电梯维护系统,通过电梯传感器数据的实时监测和分析,自动识别电梯故障并进行相应的维护和修复,提高电梯的可靠性和稳定性。

最后,在应用和推广方面,需要将智能化的电梯运行管理和自动化的电梯维护技术应用于实际场景中,并加强对技术的普及和推广。例如,研究人员可以开发一些基于智能化和自动化技术的电梯管理和维护系统,为电梯管理人员提供实时的运行状态和安全状况监测,并自动进行调度和维护。

6.2.3 未来研究的挑战和机遇

基于大数据的电梯运行态势感知技术是交通大数据研究领域的一个重要方向,未来在研究过程中将面临一些挑战和机遇。

(1)数据质量和隐私保护的挑战

电梯传感器数据的质量和完整性对研究结果的影响较大,同时还需要考虑用户隐私和数据安全问题。因此,在未来的研究中,需要加强数据的质量控制和处理,同时加强数据的安全保护措施,保证数据的准确性、可靠性和安全性。

首先,在数据质量控制和处理方面,需要采用更加精细和高效的方法,提高数据的准确性和可靠性。例如,研究人员可以采用数据清洗、数据去重、数据补全等方法,对电梯传感器数据进行分析和处理,并发现数据中存在的异常值和缺失值,进行相应的修复和补全操作,提高数据的质量和完整性。

其次,在数据安全保护方面,需要加强数据的安全保护措施,保护用户隐私和数据安全。例如,研究人员可以采用数据加密、访问控制、身份认证等安全措施,保护数据的机密性、完整性和可用性,防止数据被非法获取、篡改或泄露。

最后,在应用和推广方面,需要将数据质量控制和处理以及数据安全保护技术应用于实际场景中,并加强对技术的普及和推广。例如,研究人员可以开发一些基于数据质量控制和处理以及数据安全保护技术的电梯管理和维护系统,并将其应用于实际场景中,提高数据的准确性、可靠性和安全性,为用户提供更加高效和便捷的电梯服务。

(2)多源数据融合和分析的挑战

电梯运行状态和安全状况的多源数据融合和分析是未来研究的一个重要方向,但这也带来了数据处理和算法优化的挑战。因此,在未来的研究中,需要探索更加先进的数据融合和分析方法,以提高电梯运行状态和安全状况的评估准确性和效率。

首先,在数据融合方面,需要采用多源数据融合的方法,将来自不同传感器和不同数据源的数据进行整合。例如,研究人员可以采用基于深度学习的多模态数据融合方法,将来自电梯传感器、视频监控、气象传感器等多个数据源的数据进行融合,提高数据的准确性和可靠性。

其次,在数据分析和算法优化方面,需要采用更加先进和高效的数据分析和算法优化方法,提高电梯运行状态和安全状况的评估准确性和效率。例如,研究人员可以采用基于深度学习的时间序列数据分析方法,对电梯传感器数据进行分析和处理,并预测电梯运行状态和安全状况,提高电梯安全态势评估的准确性和效率。

最后,在应用和推广方面,需要将优化后的数据融合和分析方法应用于电梯运行管理和维护中,并加强对技术的普及和推广。例如,研究人员可以开发一些基于多源数据融合和深度学习算法的电梯安全态势评估系统,并将其应用于电梯安全管理和维护中,为电梯管理人员提供实时的运行状态和安全状况监测,并根据数据分析结果提出相应的优化和改进建议。

(3)智能化和自动化运行管理的机遇

基于大数据的电梯运行态势感知技术可以为电梯运行管理和维护的智能化和自动化提供有益的参考和指导。未来的研究将面临更多的机遇,包括探索更加智能化和自动化的电梯运行管理方法、提高电梯的服务质量和用户体验等方面。

首先,在智能化的电梯运行管理方面,需要探索更加智能化和自动化的电梯运行管理方法,以便提高电梯的服务质量和用户体验。例如,研究人员可以开发基于人工智能和机器学习的电梯运行管理系统,实时监测和分析电梯运行状态和安全状况,并根据数据分析结果进行智能化的调度和优化,提高电梯的服务质量和用户体验。

其次,在提高电梯的服务质量和用户体验方面,需要采用更加人性化和便捷的设计理念,为用户提供更加舒适和安全的电梯服务。例如,研究人员可以采用先进的人机交互技术,设计更加友好和易于操作的电梯控制界面,提供更加人性化的电梯服务。

最后,在应用和推广方面,需要将智能化的电梯运行管理和提高电梯的服务质量和用户体验技术应用于实际场景中,并加强对技术的普及和推广。例如,研究人员可以开发一些基于人工智能和机器学习的电梯管理和维护系统,为电梯管理人员提供实时的运行状态和安全状况监测,并自动进行调度和维护,提高电梯的可靠性和稳定性。

(4)智能城市建设的机遇

随着智能城市建设的推进,基于大数据的电梯运行态势感知技术将在城市交通领域发挥越来越重要的作用。未来的研究将面临更多的机遇,包括探索电梯运行态势感知技术在智能城市中的应用,提高城市交通的效率和安全等方面。

首先,在电梯运行态势感知技术在智能城市中的应用方面,需要探索电梯运行态势感知技术在智能城市中的应用,为城市交通管理和规划提供有益的参考和指导。例如,研究人员可以采用基于大数据的电梯运行态势感知技术,实时监测和分析电梯运行状态和安全状况,为城市交通管理和规划提供实时的数据支持和决策依据。

其次,在提高城市交通的效率和安全方面,需要采用更加智能化和自动化的城市交通管理方法,提高城市交通的效率和安全性。例如,研究人员可以采用基于人工智能和机器学习的城市交通管理系统,实时监测和分析城市交通状况,并根据数据分析结果进行智能化的调度和优化,提高城市交通的效率和安全性。

最后,在应用和推广方面,需要将电梯运行态势感知技术和智能化的城市交通管理方法应用于实际场景中,并加强对技术的普及和推广。例如,我们可以开发一些基于大数据的城市交通管理和规划系统,为城市交通管理人员提供实时的交通状况监测,并自动进行调度和优化,提高城市交通的效率和安全性。

6.3 实际应用前景分析

6.3.1 电梯安全态势感知技术的推广应用前景

基于大数据的电梯运行态势感知技术可以为电梯运行管理和维护提供有益的参考和指导,具有广阔的应用前景。

(1)提高电梯的安全性和可靠性

电梯安全态势感知技术可以实时监测电梯的运行状态和安全状况,及时发现故障和异常情况,并预测未来可能出现的故障和问题,提高电梯的安全性和可靠性。在电梯安全事故频发的背景下,电梯安全态势感知技术的推广应用将成为电梯行业的重要发展方向。

首先,在技术方面,需要继续深入研究电梯安全态势感知技术的理论和方法,开发更加先进和精准的电梯安全态势感知系统。例如,研究人员可以采用基于深度学习的多模态数据融合方法,将来自不同传感器和不同数据源的数据进行整合和融合,实现对电梯运行状态和安全状况的全方位监测和分析。

其次,在应用方面,需要将电梯安全态势感知技术应用于电梯的安全管理和维护,提高电梯的安全性和可靠性。例如,研究人员可以开发一些基于电梯安全态势感知技术的电梯安全管理和维护系统,实现对电梯运行状态和安全状况的实时监测和分析,并自动进行调度和维护,提高电梯的可靠性和稳定性。

最后,在推广和普及方面,需要加强对电梯安全态势感知技术的宣传和推广,提高电梯管理人员和用户的安全意识。例如,研究人员可以开展相关的培训和宣传活动,向电梯管理人员和用户介绍电梯安全态势感知技术的原理和应用,提高他们对电梯安全问题的认识和理解。

（2）提高电梯服务质量和用户体验

电梯安全态势感知技术可以实时监测电梯的运行状态和用户需求,及时调整电梯运行策略,提高电梯的服务质量和用户体验。在城市交通日益拥堵的背景下,电梯安全态势感知技术的推广应用将有助于提高城市交通的效率和便捷性。

首先,在技术方面,需要继续深入研究电梯安全态势感知技术的理论和方法,开发更加先进和精准的电梯安全态势感知系统。例如,研究人员可以采用基于机器学习的用户需求预测算法,预测用户的出行需求和目的地,为电梯运行调度提供实时的数据支持和决策依据。

其次,在应用方面,需要将电梯安全态势感知技术应用于城市交通管理中,提高城市交通的效率和便捷性。例如,研究人员可以开发一些基于电梯安全态势感知技术的城市交通管理系统,实时监测和分析城市交通状况和用户出行需求,并根据数据分析结果进行智能化的调度和优化,提高城市交通的效率和便捷性。

最后,在推广和普及方面,需要加强对电梯安全态势感知技术的宣传和推广,提高用户对电梯服务质量的认识和期望。

综上所述,电梯安全态势感知技术的推广应用将有助于提高城市交通的效率和便捷性。

（3）推动电梯行业的智能化和自动化发展

电梯安全态势感知技术可以为电梯运行管理和维护的智能化和自动化提供有益的参考和指导,推动电梯行业的智能化和自动化发展。在智能城市建设的背景下,电梯安全态势感知技术的推广应用将有助于建设更加智能化、便捷化和安全化的城市交通系统。

（4）促进电梯行业的技术创新和产业升级

电梯安全态势感知技术是电梯行业的一项重要技术创新,其推广应用将有助于促进电梯行业的技术创新和产业升级。

首先,在技术方面,需要继续深入研究电梯安全态势感知技术的理论和方法,探索更加先进和精准的电梯安全态势感知系统。例如,可以采用基于人工智能和大数据分析的电梯安全态势感知算法,实现对电梯运行状态和安全状况的全方位监测和预测,并提供相应的调度和维护建议。

其次,在应用方面,需要将电梯安全态势感知技术应用于电梯行业的生产和管理,促进电梯行业的技术创新和产业升级。例如,研究人员可以开发一些基于电梯安全态势感知技术的电梯生产和管理系统,实现对电梯生产和管理过程的全方位监测和分析,并提供相应的决策支持和优化建议,促进电梯行业的技术创新和产业升级。

最后,在政策和推广方面,需要加强对电梯安全态势感知技术的政策支持和宣传推广,提高电梯行业和相关部门对技术的认识和应用水平。例如,国家可以出台相关政策和标准,鼓励和支持电梯行业采用电梯安全态势感知技术,促进电梯行业的技术创新和产业升级;同时,还可以开展相关的宣传和推广活动,向电梯行业和相关部门介绍电梯安全态势感知技术的原理和应用,提高他们对技术的认识和应用水平。

综上所述,电梯安全态势感知技术的推广应用将有助于促进电梯行业的技术创新和产业升级。这需要研究人员继续深入研究电梯安全态势感知技术的理论和方法,开发更加先进和精准的电梯安全态势感知系统,以及加强对技术的政策支持和宣传推广,提高电梯行业和相关部门的应用水平和技术认知。

6.3.2 电梯安全管理平台的建设和应用前景

电梯安全管理平台是基于大数据的电梯运行态势感知技术的重要应用之一,可以为电梯运行管理和维护提供全面、实时、准确的监测和分析,具有广阔的建设和应用前景。

(1)建设电梯安全管理平台的必要性

随着城市化进程的加速和人口密度的增加,电梯在城市交通中的作用越来越重要。在这种情况下,建设电梯安全管理平台是必要的,可以实现对电梯运行状态和安全状况的全面监测和分析,及时发现问题并采取措施,提高电梯的安全性和可靠性。

首先,在技术方面,需要继续深入研究电梯安全管理平台的理论和方法,开发更加先进和精准的电梯安全管理平台。例如,研究人员可以采用基于物联网和云计算技术的电梯安全管理平台,实现对电梯运行状态和安全状况的实时监测和分析,并提供相应的预警和控制策略。

其次,在应用方面,需要将电梯安全管理平台应用于电梯行业的生产和管理中,提高电梯的安全性和可靠性。例如,研究人员可以将电梯安全管理平台与电梯生产和维护流程相结合,实现对电梯生产和维护过程的全方位监测和分析,并提供相应的质量控制和维护建议,提高电梯的安全性和可靠性。

最后,在政策和推广方面,需要加强对电梯安全管理平台的政策支持和宣传推广,提高电梯行业和相关部门对技术的认识和应用水平。

综上所述,建设电梯安全管理平台是必要的,可以实现对电梯运行状态和安全状况的全面监测和分析,及时发现问题并采取措施,提高电梯的安全性和可靠性。

(2)电梯安全管理平台的建设方案

电梯安全管理平台的建设是一个复杂系统工程,包括数据采集、数据存储、数据分析和应用等方面。在数据采集方面,需要将电梯传感器数据、天气数据、人流数据等多源数据进行采集,并进行预处理和质量控制。例如,研究人员可以采用物联网技术,将电梯传感器数据通过网络传输到数据中心,同时采集周边环境和人口数据,实现对电梯运行状态和安全状况的全方位监测和分析。

在数据存储方面,需要建立数据库和数据仓库,实现数据的存储和管理。例如,研究人员可以采用分布式数据存储技术,将采集到的数据存储到云端,实现数据的共享和管理,提高数据的利用率。

在数据分析方面,需要采用机器学习和深度学习等方法,对数据进行分析和建模。例如,研究人员可以采用机器学习算法,对电梯运行状态进行分类和预测,识别出可能存在问题的电梯,为维护和保养提供依据;同时,还可以采用深度学习算法,对电梯运行数据进行分析和挖掘,发现潜在的安全隐患,提高电梯的安全性和可靠性。

在应用方面,需要开发电梯故障预警系统、电梯运行调度系统等应用系统,实现对电梯运行状态和安全状况的实时监测和分析。例如,研究人员可以开发电梯故障预警系统,通过对电梯运行数据的分析和预测,及时发现电梯故障并采取措施,保障乘客的安全;同时,还可以开发电梯运行调度系统,实现对电梯运行状态和人流情况的实时监测和分析,优化电梯调度策略,提高电梯的效率和便捷性。

综上所述,电梯安全管理平台的建设是一个复杂系统工程,需要在数据采集、存储、分析和应用等方面综合考虑。

(3)电梯安全管理平台的应用前景

电梯安全管理平台的应用前景非常广阔,对电梯行业的发展和提升具有重要意义。首先,电梯安全管理平台可以提高电梯的安全性和可靠性,及时发现故障和异常情况,并预测未来可能出现的故障和问题。这能够有效地避免电梯事故的发生,保障乘客的人身安全。同时,通过对电梯运行状态和安全状况的全面监测和分析,可以实现对电梯设备的精细管理和维护,延长电梯的使用寿命,提高电梯的可靠性和经济性。

其次,电梯安全管理平台可以提高电梯的服务质量和用户体验,实现电梯的智能化和自动化运行管理。通过对电梯运行数据的分析和挖掘,可以优化电梯调度策略,实现电梯的智能化运行管理,提高电梯的效率和便捷性。同时,电梯安全管理平台还可以实现对电梯乘客的信息采集和分析,提供个性化的服务和体验,增强乘客的满意度和忠诚度。

最后,电梯安全管理平台可以促进电梯行业的技术创新和产业升级,推动电梯行业向更加智能化、便捷化和安全化方向发展。通过对电梯运行数据的分析和建模,可以发现电梯行业存在的问题和瓶颈,提出相应的解决方案,推动电梯行业的技术创新和产业升级。同时,电梯安全管理平台还可以促进电梯行业与其他行业的融合和协同,实现跨行业、跨领域的创新和发展。

综上所述,电梯安全管理平台的应用前景非常广阔,对电梯行业的发展和提升具有重要意义。这需要研究人员深入挖掘大数据的价值,采用先进的物联网和人工智能技术,开发更加智能化和精准化的电梯安全管理平台,实现对电梯运行状态和安全状况的全面监测和分析,提高电梯的安全性和可靠性,推动电梯行业向更加智能化、便捷化和安全化方向发展。

(4)建设电梯安全管理平台的挑战

电梯安全管理平台的建设面临着一些挑战,包括数据质量和隐私保护、多源数据融合和分析、算法优化和系统开发等方面。首先,数据质量和隐私保护是电梯安全管理平台建设中必须要面对的问题。由于电梯运行涉及用户的隐私信息,因此需要加强数据的安全保护措施,防止数据泄露和滥用。同时,还需要加强数据质量控制和处理,对采集到的数据进行预处理和质量控制,保证数据的准确性、可靠性和完整性。

其次,多源数据融合和分析是电梯安全管理平台建设中的另一个重要问题。由于电梯运行涉及多种类型的数据,如电梯传感器数据、天气数据、人流数据等,因此需要将这些数据进行融合和整合,实现对电梯运行状态和安全状况的全面监测和分析。这需要探索更加先进的数据融合和分析方法,如大数据处理、数据挖掘和机器学习等技术,提高数据的利用率和价值。

此外,算法优化和系统开发也是电梯安全管理平台建设中需要面对的问题。由于电梯运行数据量较大,因此需要优化算法,提高算法的准确性和效率。同时,还需要进行系统开发,实现对电梯运行状态和安全状况的实时监测和分析,并提供相应的预警和处理措施。这需要采用先进的软件工程技术,如云计算、分布式系统、人机交互等技术,实现系统的高效、稳定和可靠运行。

综上所述,电梯安全管理平台的建设面临着一些挑战,需要加强数据质量控制和处理,探索更加先进的数据融合和分析方法,提高算法的准确性和效率,同时加强数据的安全保护措施,以保证数据的准确性、可靠性和安全性。

6.3.3 电梯安全行业的未来发展趋势

随着基于大数据的电梯运行态势感知技术的不断发展和应用,电梯安全行业也将迎来新的发展机遇和挑战。本节从技术、政策和市场三个方面探讨电梯安全行业的未来发展趋势。

(1)技术方面的未来发展趋势

①基于大数据的电梯运行态势感知技术的不断发展和应用。随着大数据技术的不断发展和应用,其在电梯行业中的应用前景非常广阔。未来,电梯安全行业将进一步深化基于大数据的电梯运行态势感知技术的研究和应用,提高电梯的安全性和可靠性。

首先,基于大数据的电梯运行态势感知技术可以实现对电梯运行状态和安全状况的全面监测和分析。通过采集电梯传感器数据、天气数据、人流数据等多源数据,对电梯运行状态进行分类和预测,识别出可能存在问题的电梯,并及时采取措施,保障乘客的安全。同时,还可以利用大数据技术,对电梯运行数据进行分析和挖掘,发现潜在的安全隐患,提高电梯的安全性和可靠性。

其次,基于大数据的电梯运行态势感知技术可以提高电梯的服务质量和用户体验。通过对电梯运行数据的分析和挖掘,可以优化电梯调度策略,实现电梯的智能化运行管理,提高电梯的效率和便捷性。同时,还可以实现对电梯乘客的信息采集和分析,提供个性化的服务和体验,增强乘客的满意度和忠诚度。

最后,基于大数据的电梯运行态势感知技术可以促进电梯行业的技术创新和产业升级。通过对电梯运行数据的分析和建模,可以发现电梯行业存在的问题和瓶颈,提出相应的解决方案,推动电梯行业的技术创新和产业升级。同时,还可以促进电梯行业与其他行业的融合和协同,实现跨行业、跨领域的创新和发展。

综上所述,基于大数据的电梯运行态势感知技术在电梯安全行业中的应用前景非常广阔,将有助于提高电梯的安全性和可靠性,提高电梯的服务质量和用户体验,促进电梯行业的技术创新和产业升级。

②智能化和自动化电梯运行管理的发展。未来,电梯安全行业将加强对电梯智能化和自动化运行管理技术的研究和应用,实现电梯的智能化运行和自动化维护。这将极大地提高电梯的效率、安全性和可靠性,推动电梯行业向更加智能化、便捷化和安全化方向发展。

首先,电梯智能化运行管理技术是未来电梯安全行业的重要发展方向之一。通过采用物联网、云计算、人工智能等先进技术,实现对电梯运行状态和安全状况的实时监测和分析,优化电梯调度策略,提高电梯的效率和便捷性。同时,还可以实现对电梯乘客的信息采集和分析,提供个性化的服务和体验,增强乘客的满意度。

其次,电梯自动化维护技术也是未来电梯安全行业的重要发展方向之一。通过采用传感器、机器学习等技术,实现对电梯设备的精细管理和维护,及时发现故障和异常情况,并预测未来可能出现的故障和问题。这能够有效地避免电梯事故的发生,保障乘客的人身安全。同时,还可以延长电梯的使用寿命,提高电梯的可靠性和经济性。

最后,电梯智能化和自动化运行管理技术的研究和应用也将促进电梯行业的技术创新和产业升级。通过对电梯运行数据的分析和建模,可以发现电梯行业存在的问题和瓶颈,提出相应的解决方案,推动电梯行业的技术创新和产业升级。同时,还可以促进电梯行业与其他行业的融合和协同,实现跨行业、跨领域的创新和发展。

综上所述,电梯安全行业将加强对电梯智能化和自动化运行管理技术的研究和应用,实现电梯的智能化运行和自动化维护。

③电梯安全监测和预警系统的完善。未来,电梯安全行业将进一步完善电梯安全监测和预警系统,提高对电梯的实时监测和分析能力。这将有助于发现电梯存在的安全隐患和风险,及时采取措施,保障乘客的人身安全。

首先,电梯安全监测和预警系统是电梯安全管理平台建设的重要组成部分。通过采集电梯传感器数据、天气数据、人流数据等多源数据,实现对电梯运行状态和安全状况的实时监测和分析,发现潜在的安全隐患和风险,及时预警并采取措施,保障乘客的人身安全。同时,还可以对电梯运行数据进行分析和挖掘,优化电梯的调度策略,提高电梯的效率和便捷性。

其次,电梯安全监测和预警系统需要采用先进的大数据处理、机器学习、人工智能等技术,实现对电梯运行数据的实时分析和处理。这需要建立一个高效、稳定和可靠的电梯安全监测和预警系统,对采集到的数据进行处理和分析,提高预警的准确性和及时性。

最后,电梯安全监测和预警系统的建设需要加强数据质量控制和处理,防止数据泄露和滥用。同时,还需要加强数据的安全保护措施,保证数据的准确性、可靠性和安全性。这需要采用先进的数据加密、数据备份和数据恢复技术,建立一个完善的数据安全管理体系,保障数据的安全和可靠性。

综上所述,电梯安全行业将进一步完善电梯安全监测和预警系统,提高对电梯的实时监测和分析能力。

(2)电梯安全行业的未来发展趋势

①市场需求将不断增加。

随着城市化进程的加速和人口密度的增加,电梯在城市生活中的作用越来越重要。电梯作为城市交通运输系统的重要组成部分,承担着人们垂直交通的重要任务,具有不可替代的作用。市场对电梯安全的需求将不断增加,这需要研究人员深入挖掘大数据的价值,采用先进的物联网和人工智能技术,开发更加智能化和精准化的电梯安全管理平台,从而提高电梯的效率、可靠性和安全性。

政府将加强对电梯安全的监管和管理。通过建立完善的电梯安全法律法规体系,加强对电梯生产、安装、维护等环节的监管,提高电梯产品的质量和安全性。

②电梯安全行业的竞争将日益激烈。

随着电梯安全技术的不断发展和应用,电梯企业需要不断提高自身的技术实力和创新能力,从而适应市场竞争的变化。电梯安全技术的发展已经从简单的安全装置向智能化、自动化和数字化方向发展。因此,电梯企业需要不断加强技术创新和研发投入,开发更加智能、便捷和安全的电梯产品,提高企业的竞争力。

6.4 本章小结

本章针对基于大数据的电梯运行态势感知技术进行了总结和展望,通过对电梯运行数据的采集、分析和挖掘,建立了电梯安全态势感知模型,并设计了相应的电梯安全管理平台。本章从研究成果总结、研究不足和展望以及实际应用前景分析三个方面进行讨论。本书提出了一种基于大数据技术的电梯安全态势感知技术,并设计了相应的电梯安全管理平台。通过对电梯运行数据的采集、分析和挖掘,建立了电梯安全态势感知模型,可以及时发现电梯运行中存在的安全隐患和异常情况,为电梯安全管理提供了有力的支撑。

本章基于大数据的电梯运行态势感知技术可以为电梯企业和物业管理公司提供科学的决策依据,帮助其合理制订电梯维修计划和运营策略,提高电梯的运行效率和安全性。然而,本书中的电梯安全态势感知模型还需要进一步完善和优化,从而提高模型的准确性和可靠性。未来的研究可以将更多的数据纳入模型中,如电梯运行数据、天气数据、人流数据等,从而更加全面地分析电梯的运行状态和安全风险。此外,还可以采用深度学习等人工智能技术来优化模型,提高其预测精度和实时性。未来的研究应该注重实践应用,将研究成果与电梯行业实际应用相结合,不断推动电梯安全管理的现代化和智能化发展。

未来的研究应该加强对电梯安全管理平台的研究和开发,以实现更加全面的电梯安全管理。电梯安全管理平台应该不仅能够实现对电梯运行状态的实时监测和预警,还应该具备电梯故障诊断、维修管理等功能,以提高电梯的维护效率和安全性。在未来的研究中,可以采用云计算、物联网、大数据和人工智能等先进技术来优化电梯安全管理平台,实现平台的智能化、自动化和数字化,从而更加高效地管理和维护电梯。此外,还可以加强与电梯制造商和维修公司的合作,共同开发更加先进和实用的电梯安全管理平台,推动电梯行业向数字化和智能化转型升级。

基于大数据的电梯安全态势感知技术将得到更广泛的应用和推广,这是因为随着城市化进程的加速和人口密度的增加,电梯在城市生活中的作用越来越重要,电梯安全问题也越来越引人关注。基于大数据技术的电梯安全态势感知技术可以及时发现电梯运行中存在的安全隐患和异常情况,为电梯安全管理提供有力的支撑。同时,电梯安全管理平台的建设和应用也将取得更大的进展,这是因为电梯安全管理平台可以实现对电梯运行状态的实时监测和预警,具备电梯故障诊断、维修管理等功能,从而提高电梯的维护效率和安全性。未来,电梯行业的发展前景广阔,随着技术的不断进步和应用的不断拓展,电梯行业将向数字化、智能化和绿色化方向发展,电梯安全管理的现代化和智能化将成为未来的发展趋势。本书提出的基于大数据的电梯安全态势感知技术和电梯安全管理平台具有重要的实际应用价值和广阔的发展前景。

参考文献

[1]陈海鹰,吕潇,石磊.电梯智慧监管服务体系的规划与建设:以重庆市为例[J].中国电梯,2022,33(10):14-18.

[2]胡晓雯,罗志群,代清友.基于在线智能诊断技术的电梯驱动主机故障诊断方法研究[J].机电工程技术,2022,51(4):240-244.